"十二五"普通高等教育印刷专业规划教材

印刷综合实训教程

赵志强 /主编

赵志强　姜东升　王　瑜 /编著
左晓燕　张　婉　徐英杰

魏先福 /主审

YINSHUA ZONGHE
SHIXUN JIAOCHENG

文化发展出版社
Cultural Development Press

内容提要

本书是"十二五"普通高等教育印刷专业规划教材和北京印刷学院校级特色建设教材。全书包括三大实习模块，分别为印前、印刷和印后技能实习。全书共计38个任务，按照印刷工作流程的顺序，分为图文输入与处理、照排打样、制版、印刷前准备、印刷调节、印刷品质量检测、彩色数字印刷、模拟印刷系统、书刊装订、印品整饰和装订成品质检11个项目组成，基本将传统印刷与现代印刷的内容囊括其中。本教材在参考以往历年实践教学教材、实习实训指导书的基础上，特别对实习指导教师的职责、实习指导师傅的工作和实习学生的任务做了精心设计，对实习效果和质量的考核做了详细要求，从而在制度上规范每个实习环节，使得实习指导教师、师傅和实习学生都明确各实习环节的任务内容、技能要求、时间控制、评价方法、效果评定等，构成了本教材与以往实习实践教材不同的特色。

本书结构新颖、内容充实、实用性强，适合印刷工程本科、专科学生和其他相关专业学生的实践教学使用，也可作为印刷企业从事印刷技术培训的教材，还可供在印刷产业链从事其他相关领域的各类工程技术人员参考。

图书在版编目（CIP）数据

印刷综合实训教程/赵志强主编；姜东升等编著.－北京：文化发展出版社，2013.2（2019.1重印）

（"十二五"普通高等教育印刷专业规划教材）

ISBN 978-7-5142-0756-9

Ⅰ.印… Ⅱ.①赵… ②姜… Ⅲ.印刷－生产实习－高等学校－教材 Ⅳ.TS805

中国版本图书馆CIP数据核字(2012)第288378号

印刷综合实训教程

主　　编：赵志强

编　著　：赵志强　姜东升　王瑜　左晓燕　张婉　徐英杰

主　　审：魏先福

策划编辑：刘淑婧

责任编辑：李　毅　　　　　　　　责任校对：岳智勇

责任印制：邓辉明　　　　　　　　责任设计：侯　铮

出版发行：文化发展出版社（北京市翠微路2号 邮编：100036）

网　　址：www.wenhuafazhan.com　　www.keyin.cn　　www.printhome.com

经　　销：各地新华书店

印　　刷：北京建宏印刷有限公司

开　　本：787mm×1092mm　　　1/16

字　　数：300千字

印　　张：15

印　　次：2013年2月第1版　2019年1月第3次印刷

定　　价：49.00元

ISBN：978-7-5142-0756-9

本教材是"十二五"普通高等教育印刷专业规划教材和北京印刷学院2011年立项的校级特色建设教材，是印刷工程专业作为国家级特色专业建设专门编写的实践教学系列教材之一。

北京印刷学院成立30多年来，作为核心专业的印刷工程专业已经为印刷行业培养了上千名优秀毕业生，在印刷高等教育和印刷产业领域建立起了较高的声望。但是，随着印刷产业的不断发展、印刷技术的飞速进步和高素质印刷人才的需求，原有的人才培养模式已不能满足现代印刷产业的新发展。印刷企业不仅需要具有完整印刷理论知识的人才，也需要具有较高实践能力和创新意识的人才。随着高等教育理念和人才培养方式的改革进一步深化，引导大学生在校内印刷实践教学基地和社会印刷企业锻炼自己的实践能力，了解完整的印刷生产流程和技术要点，亲自动手实践各个印刷生产环节，学习印刷操作的基本技能，掌握工艺监控和产品质量控制的方法，深化印刷理论与印刷生产实际的融合，成为我校重视实践教学水平和提高学生实践能力的课题。为此，我们组织多位在教学实践一线的实习教学指导教师和师傅共同编写了这本《印刷综合实训教程》。

本教材的编写思路与印刷实习教学的宗旨一脉相承，以印刷企业的印刷生产流程为主线，从印前、印刷到印后生产分为三个模块。每个模块中，按照印刷生产的工序分为若干项目，项目中又包含若干任务，任务分割的原则是学生能够在一个相对固定的时间段内完成一定内容的实践技能训练。各个任务之间既有前后顺序的联系，也可以相对独立地进行，从而为任务的组合训练提供了便利。针对不同专业的印刷实习要求和时间安排，可以由基本任务组合构成印刷认识实习，主要服务于艺术和文科专业学生的印刷实践，如1~2周的实习时间安排；也可以由基础任务组合构成印刷技术实习，主要服务于工科和管理专业学生的印刷实践，如2~3周的实习时间安排；还可以由提升任务组合构成印刷生产或印刷岗位实习，主要服务于印刷、包装工程专业学生的印刷实践，如2~4周的实习时间安排。不同任务的组合可以构成不同层面要求的印刷实践内容，既满足了不同专业的培养方案要求，也满足了对于不同能力的学生因材施教的个性化实践教学方案的制订，如针对卓越工程师计划和定向人才培养计划的实践教学方案制订。

全书包括三大实习模块，分别为印前、印刷和印后技能实习。共计38个任务。其中，印前技能实习包括13个任务、印刷技能实习包括15个任务和印后技能实习10个任务。按照印刷工作流程的顺序，划分为图文输入与处理、照排打样、制版、印刷前检查、印刷调节、印刷品质量检测、彩色数字印刷、模拟印刷系统、书刊装订、印品整饰和装订成品质检11个项目，基本将传统印刷与现代印刷的内容囊括其中。

每一个任务都由技能训练和知识链接两大部分构成。而技能训练又包括基本要求与目的、仪器与设备、基本步骤与要点、主要使用工具、时间分配、考核标准、注意事项、思考题。由此明确实习教学的目标，清楚实习使用的设备与工具，清晰实习指导教师应讲解的内容、指导师傅应演示的内容和实习学生应操作练习的内容，设计了严格的实习效果考核标准，安排了加深实习理解的思考题，并针对性地提供相应技能训练的理论知识链接。

本教材在参考以往历年实践教学教材、实习实训指导书的基础上，特别对实习指导教师的职责、实习指导师傅的工作和实习学生的任务做了精心设计，对实习效果和质量的考核做了详细要求，从而在制度上规范每个实习环节，使得实习指导教师、师傅和实习学生都明确本实习环节的任务内容、技能要求、时间控制、评价方法、效果评定等，构成了本教材与以往实习实践教材不同的特色。

本教材由赵志强老师总体设计和统稿。模块一/项目一和模块一/项目二/任务一由姜东升老师编写，模块一/项目二/任务二～任务三和模块一/项目三由王瑜老师编写，模块二/项目一和项目二由左晓燕和赵志强老师编写，模块二/项目三～项目五由张婉老师编写，模块三由徐英杰和赵志强老师编写。本教材由北京印刷学院魏先福教授审定。

本教材结构新颖、内容充实、重点突出、阐述清晰、实用性强，适合印刷工程本科、专科学生和其他相关专业学生的实践教学使用，也可作为印刷企业从事印刷技术培训的教材，可供在印刷产业链从事其他相关领域的各类工程技术人员参考。

由于本教材的编写人员都较为年轻，专业知识和编写水平有限，存在的缺点、不足和遗憾之处在所难免，敬请读者批评指正。

赵志强

2012年9月30日

Contents 目 录

模块一 印前技能实习

模块二　印刷技能实习

模块三　印后技能实习

印 刷 综 合 实 训 教 程

模 块 一

印前技能实习

图文输入与处理

任务一　平面扫描输入

技 能 训 练

一、基本要求与目的

1. 认识平面扫描仪的基本构成和工作原理。

2. 熟悉平面扫描仪的基本操作技能。

3. 掌握扫描软件的设置方法。

4. 能够根据不同要求计算扫描分辨率。

二、仪器与设备

训练中所使用的主要仪器为平面扫描仪，如图1-1所示。

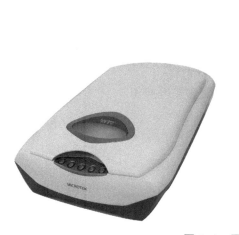

图1-1　平面扫描仪

三、基本步骤与要点

（一）训练讲解

1. 平面扫描仪基本构成

指导教师讲解平面扫描仪的基本构造和工作原理要点。

① 平面扫描仪开锁位置。

② 平面扫描仪的基本操作：原稿整理和放置、预扫描、扫描区域选择等。

2. 扫描分辨率计算

指导教师强调扫描分辨率公式：

扫描分辨率 = 扫描质量因子 × 缩放倍率 × 印刷品加网线数

要点： 扫描质量因子应该如何设定。

---

3. 平面扫描仪的使用

指导教师讲解如何针对不同原稿进行正确扫描。

① 对反射稿、透射稿进行正确的扫描。

② 对照片、印刷品进行正确的扫描。

③ 正确使用扫描软件中的各项设置。

要点：

① 扫描印刷品必须设置"去网"功能。

② 高光 / 暗调点设置（动态范围设置）、图像层次曲线调节、色彩校正调节、亮度 /
对比度调节、滤镜等。

（二）学生操作

① 打开平面扫描仪电源开关，启动扫描软件。

② 将彩色原稿正确放在平面扫描仪平台上，依据印刷品加网线数等要求进行参数
设置。

③ 能正确对透射稿进行卸遮光板、压板、设置参数等操作。

四、主要使用工具

扫描仪使用说明书。

五、时间分配（参考：60min）

① 基本演示与讲解：10min。

② 反射稿扫描练习：25min。

③ 透射稿扫描练习：20min。

④ 考核：5min。

六、考核标准

考核项目	考核内容	考核分数（5分制）
反射稿扫描 （注：应提供有问题的彩色原稿供学生练习）	原稿摆放基本正确，能判断出原稿问题，并对问题原稿进行相应的调整，同时对印刷品原稿扫描进行去网操作，为合格	2
	原稿摆放正确，能判断出原稿问题，并对问题原稿进行正确的调整，同时对印刷品原稿扫描进行去网操作，为优秀	3
透射稿扫描 （注：应提供正片、负片供学生练习）	透射稿未用压板，扫描设置基本正确，为合格	1
	正确使用压板，扫描设置正确，为优秀	2

注：每组考核成绩优秀比例≤20%，优良比例≤50%。

七、注意事项

① 扫描分辨率的设置：指导老师给出扫描分辨率计算参数，如质量因子为 2，缩放倍率为 2，加网线数为 150lpi，扫描彩色原稿，要求学生自行计算应设置的扫描分辨率。

② 学生在完成扫描操作后，应将扫描文件存在计算机 D 盘名为 Saomiao 的文件夹中的新建文件夹中，新建文件夹的名字为学生的"学号 + 名字"。扫描文件的名字为该原稿的缺陷 + 纠正方式 + 分辨率，如"曝光不足 + 提高亮度 30 提高对比度 20+ 分辨率"。

八、思考题

1. 用扫描仪软件对原稿进行调整后扫描，或不调整直接扫描，然后使用 Photoshop 软件进行修改，哪种方法正确？

2. 缩小"动态范围"时，扫描得到的图像有何变化？为什么？

3. 如果原稿图像偏蓝，色彩又不够鲜艳，应在扫描仪软件中如何校正？

4. 使用扫描分辨率 150dpi 和 600dpi 扫描得到的图片有何差别？

知 识 链 接

一、平面扫描仪的基本知识

1. 基本结构与功能

扫描仪分为滚筒扫描仪、平面扫描仪、手持扫描仪、医用扫描仪、三维扫描仪等。日常办公使用最多的为平面扫描仪。

平面扫描仪基本结构为：原稿平台、扫描光源（荧光灯、冷 / 热阴极光源）、扫描镜头、光电转换器件（CCD）（见图 1-2）、模数转换器、图像信号处理电路、机械驱动系统。平面扫描仪的核心器件为光电转换器件，它可以将照射在其上的光信号转换为对应的电信号。

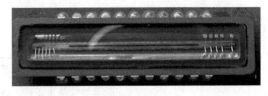

图 1-2　光电转换器件（CCD）阵列

平面扫描仪的主要功能是为计算机处理提供数字化图像；为文字识别提供字形信息（OCR）；为图形矢量化提供信息。

2. 主要性能指标

（1）平面扫描仪分辨率。它表示了平面扫描仪对图像细节的表现能力，通常用每英寸长度上扫描图像所含有的像素的个数表示，记作 DPI（Dot Per Inch）。

扫描分辨率分为：光学分辨率和最大分辨率。

① 光学分辨率是平面扫描仪的光学部件在每平方英寸面积内所能捕捉到的实际光点数，是平面扫描仪光电传感器的物理分辨率，即平面扫描仪的真实分辨率。

② 最大分辨率是由软件对采集到的像素数据进行插值运算获得的不完全真实分辨率。

（2）量化位数。扫描仪进行模/数转换时，对模拟电信号的分级数。量化位数高，对扫描仪、对图像层次识别和动态范围提高有利。

（3）动态密度范围。扫描仪能够测量到的最亮颜色与最暗颜色之间的差值。动态密度范围大，有利于识别图像暗调层次。

扫描仪最大动态范围：$D = 1g$（扫描仪的最大灰阶）。

（4）扫描速度。每扫描 1 行所用的时间（毫秒）或分辨率 300dpi 下，平均每小时扫描的原稿数量表示。

（5）扫描幅面。扫描图稿的最大尺寸，常见的有 A4、A3、A0 幅面等。

3. 使用方法

（1）平面扫描仪的校正。

① 放置标准色标 AGFA-IT8 在扫描平台上，选择正确方式和缺省参数进行预扫描。

② 预扫描后选择正确区域进行扫描。

③ 扫描后的图像应在 Photoshop 软件中进行逐个色块检测颜色数据，将测量结果与标准数据进行对比。最主要校正黑、白、中性灰和各原色的颜色数据。

（2）平面扫描仪的正确使用。

① 打开电源，平面扫描仪预热 10～15min。

② 准备原稿。除尘/污；提高分辨率扫描时，对透射稿需涂液体石蜡，对反射原稿涂无色凡士林。

③ 原稿装入平台、原稿夹，注意透射稿的乳剂面需朝向扫描镜头。

④ 启动扫描软件。

⑤ 预扫描，选择扫描区域。

⑥ 设置正确扫描参数，调节图像。

⑦ 正式精细扫描，存储图像文件。

4. 扫描软件的使用

① 设定黑白场。

② 层次调节：由于 A/D 转换位数高，在平面扫描仪上进行层次曲线调节，得到的图像层次损失小。

③ 颜色校正。对于偏色或曝光不准确的图像进行校正。

④ 清晰度强调。

⑤ 柔化和去网设置。

> **注意：** 对于需要校正的原稿，不应指望使用 Photoshop 对扫描后的图像进行处理，应使用扫描仪软件对原稿校正后扫描，以获得最理想的数据。

二、扫描原稿分类与特点

1. 对文字稿的扫描

扫描时选择黑白二值模式。扫描分辨率应偏高。建议：

① 6～8 号字体设置在 400～600dpi。

② 5 号字体设置在 200～300dpi。

③ 4 号以上字体设置在 150～200dpi。

④ 扫描原稿为较粗糙纸张，建议使用 600dpi 分辨率。

2. 对线条原稿的扫描

对线条原稿的扫描有以下两种扫描方式：

① 线条原稿的直接扫描（不超过 1200dpi）。按照黑白二值模式扫描，为避免"锯齿边"现象，一般用扫描仪的最高分辨率。

② 线条原稿的"扫描后处理"方式。按照灰度模式扫描后，在图像软件中转换为二值图像。

3. 对印刷品原稿的扫描

印刷品原稿由一个个网点组成，复制后会出现龟纹，必须使用"去网"、"柔化"消除网点和龟纹。一般应按照原印刷品的加网线数设置。

有时，当印刷品的龟纹很严重，扫描中去网仍不能使图像光滑，需要在 Photoshop 中继续去网；如果去网后图像变得太虚，也可在 Photoshop 中用 Unsharp mask 对清晰度进行加强。

4. 对灰度图像的扫描

对灰度图像的扫描有以下两种扫描方式：

① 参数中选择"灰度图像"扫描。

② 由于灰度图像阶调层次少（24 位彩色扫描仪可扫描 256 阶调灰度图像），可采用彩色模式扫描，然后在 Photoshop 软件中处理成灰度图像。

5. 对透射稿原稿的扫描

透射稿分为正片、负片。负片的密度范围小，其高光细节是图像的暗调细节，因此负片扫描相对简单。正片的密度范围大，色彩还原较难。

扫描透射稿中会出现彩虹般圆环（牛顿环），原因是胶片与扫描平台未完全贴紧，渗入了空气。因此，扫描透射稿时，应清洁平台以减少牛顿环的产生。

6. 条码的扫描

条码扫描的分辨率要比一般印刷图像的分辨率更高些，要保证大于 600dpi。扫描色彩模式设为 Gray 模式较好，若用二值图像方式扫描，会引起边缘锯齿。

7. 特殊图像原稿的扫描

① 机械及金属零件类图像原稿的扫描。定标时，白场按常规设定，黑场可选择密度大的区域。层次校正应在常规层次设置上将中间调层次降低 10% 左右。

② 国画类原稿的扫描。定标时，黑白场按国画主题选择，黑版的阶调应尽可能长，白场密度值 C 为 5% ~ 6%、M 和 Y 分别在 3% ~ 4%，黑场密度值 C 为 90%、M 为 91%、Y 为 88%、K 为 85%。

③ 白色图案类的扫描。如浅色衣物，若按正常扫描，会导致白色的质感变成灰色，因此白场的定标值应比常规值高，黑场的定标值应降低 5%。

三、扫描故障分析与解决方法

（1）整幅图像只有一小部分被获取。

故障原因与排除：聚焦矩形框仍然停留在预览图像上；只有矩形框内的区域被获取。在做完聚焦后，点击一下去掉聚焦矩形框，反复试验以获得图像。

（2）图像中有过多的图案（噪声干扰）。

故障原因与排除：平面扫描仪的工作环境湿度超出了它的允许范围。关掉计算机，再关掉平面扫描仪，然后先打开平面扫描仪，再打开计算机，以重新校准平面扫描仪。

（3）原稿颜色与屏幕颜色差别太大。

故障原因与排除：

① 检查屏幕的色度、亮度、反差的设定是否合乎正常要求。

② 检查 ColorLinks 的屏幕设定选项是否正确。

③ 需要对平面扫描仪与显示屏之间的色彩进行校正。

（4）扫描出的整个图像变形或出现模糊。

故障原因与排除：

① 平面扫描仪玻璃板脏污或反光镜条脏污，用软布擦拭玻璃板并清洁反光镜条。

② 扫描原稿文件始终未能平贴在文件台上，确保扫描原稿始终平贴在平台上。

③ 确保扫描过程中不要移动文件。

④ 扫描过程中因平面扫描仪放置不平而产生震动，注意把平面扫描仪放于平稳的表面上。

⑤ 调节软件的曝光设置或 Gamma 设置。

（5）扫描的图像在屏幕显示时总是出现丢失点线的现象。

故障原因与排除：

① 检查平面扫描仪的传感器是否出现了故障。

② 对平面扫描仪的光学镜头做除尘处理，用专用的小型吸尘器效果最好。

③ 检查平面扫描仪外盖上的白色校正条是否有脏污，需及时清洁。

检查一下稿台玻璃是否脏污或有划痕，可以定期彻底清洁平面扫描仪或更换稿台玻璃来避免该情况的发生。

任务二　文字录入与处理

一、基本要求与目的

1. 了解文字录入系统。

2. 进行文字录入和处理工作。

3. 熟悉五笔字型汉字输入法。

4. 掌握 Microsoft Word 的使用方法，达到正确的文字录入、排版等要求。

二、仪器与设备

训练中进行文字录入所需的设备为常见计算机（见图 1-3），所使用的软件为 Word，其操作界面如图 1-4 所示。

图 1-3　计算机与键盘

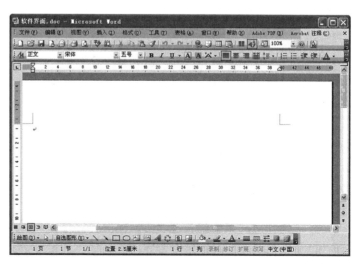

图 1-4　应用软件界面

三、基本步骤与要点

（一）训练讲解

1. 五笔字型汉字输入法

指导教师讲解五笔字型的字根键盘、汉字的拆分和词语的输入等基本内容。

2. Word 软件的使用

① 正确设置字体、字号、段落格式等。

② 正确使用表格工具。

（二）学生操作

① 使用五笔字型输入法完成指定的文字输入。

② 使用 Word 软件，根据给定的模板内容完成文字输入、排版和表格设置等工作。

四、主要使用工具

五笔字型汉字输入法手册，Word 软件使用教材。

五、时间分配（参考：60min）

① 五笔字型输入法演示：15min。

② 五笔字型输入法练习：15min。

③ Word 软件演示：5min。

④ Word 软件练习：20min。

⑤ 考核：5min。

六、考核标准

考核项目	考核内容	考核分数（5分制）
五笔字型汉字输入法（注：给定三段文字内容）	完成一段文字内容的输入，为合格	1.5
	完成三段文字内容的输入，为优秀	2.5
Word 软件的使用	基本完成文字输入和排版设置，多于5处错误，为合格	1.5
	完成文字输入和设置，少于2处错误，为优秀	2.5

注：每组考核成绩优秀比例≤20%，优良比例≤50%。

七、注意事项

① 学生在完成文字输入过程时，应及时保存文档，以免计算机死机造成损失。

② 文字排版要依据排版设置完成批处理，不得逐字逐句地修改排版。

八、思考题

1. 创建长文档目录时的注意事项有哪些？
2. 文档的版面设置有哪些内容？边框和底纹如何设置？
3. 文档的分栏如何设置？
4. 图片的环绕方式有哪几种？

一、文字录入基本原理

在 Windows 系统下进行文字输入，实际上是将输入的标准 ASCII 字符串按照一定的编码规则转换为文字或字串，由 Windows 系统管理。下面以五笔字型汉字输入法为例做简单介绍。

五笔字型汉字输入方法既不考虑读音，也不把汉字全部分解为单一笔画，而是遵从人们的习惯书写顺序，以字根为基本单位来组字编码，拼形输入汉字。图 1-5 所示为五笔输入法 86 版键盘分布图，可供学习时参考。

五笔指的是五种基本笔画，包括横、竖、撇、捺、折，分别对应五笔中的 5 个区。其中提为横、左竖钩为竖、点为捺、除左竖钩之外的拐弯全是折。

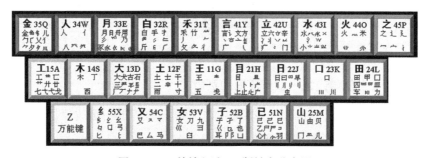

图 1-5　五笔输入法 86 版键盘分布图

二、文字处理常用软件与方法

1. 微软拼音输入法

微软拼音输入法是一种基于语句的智能型拼音输入法，它是自然语言处理技术多年科研成果的结晶。微软拼音输入法采用拼音作为汉字的录入方式，用户不需要经过专门的学习和培训就可以方便使用并熟练掌握这种汉字输入技术。

微软拼音输入法还有其他许多特性，比如自学习和自造词功能。使用这两种功能，经过短时间与用户交流，它就能够学会用户的专业术语和用词习惯，从而使其转换准确率更高，用户用起来也更加得心应手。

2. 智能 ABC 输入法

目前使用最广泛的中文输入法之一，尽管这主要是因为微软将其集成在各个版本的 Windows 操作系统中，但其智能高效、简单易用的特性，是最根本的原因。对于智能 ABC 输入法来说，只要懂一点拼音，都可以借助键盘自如地输入汉字，在智能 ABC 输入法中，对于常用的字、词或词组，只要键入其声母就能显示出对应的内容，智能 ABC 输入法还有很强的自动造词功能。

智能 ABC 输入法是国家信息标准化委员会推荐的汉字输入方法，该输入法遵循国家语言文字的规范，按标准的汉语拼音、汉字笔画书写顺序并充分利用计算机的功能来处理汉字。最新版本支持国标大字符集，新增大量词汇，输入速度更快。

3. 紫光拼音输入法

紫光拼音输入法的特点是词库大、词汇新、体积小巧、功能完备，而且有众多体贴用户的设计，使用它的人很多。紫光拼音输入法完全面向用户、基于汉语拼音的中文字、词及短语，追求以自然方式，流畅地输入汉字。并且提供了丰富的选项，尽可能使汉字输入符合个人风格和习惯，同时紫光拼音输入法对最终用户是完全免费的。

乔嫔 ± 拒埋嗔炝

Q1 Word 中如何设置每页不同的页眉？如何使不同的章节显示不同的页码？

A：分节，每节可以设置不同的页眉。执行"文件"—"页面设置"—"版式"—"页眉和页脚"—"首页不同"命令。

Q2 在 Word 中怎样让每一章用不同的页眉？

A：在插入分隔符里，选插入分节符，选连续，然后下一页改页眉前，按一下"同前"钮，再做的改动就不影响前面内容。

Q3 如何合并两个 Word 文档，不同的页眉需要先写两个文件，然后合并，如何做？

A：页眉设置中，选择奇偶页不同或与前节不同等选项。

Q4 Word 编辑页眉设置，如何实现奇偶页不同？

A：插入节分隔符，去掉与前节设置相同，再设置奇偶页不同。

Q5 如何从第三页起设置页眉？

A：在第二页末插入分节符，在第三页的页眉格式中去掉同前节，如果第一、二页还有页眉，把它设置成正文即可。

① 在新建文档中，执行"菜单"—"视图"—"页脚"—"插入页码"—"页码格式"—"起始页码"命令，将"起始页码"设置为 0，确定。

② 执行"菜单"—"文件"—"页面设置"—"版式"—"首页不同"命令，确定。

③ 将光标放到第一页末，执行"菜单"—"文件"—"页面设置"—"版式"—"首页不同"—"应用于插入点之后"命令，确定。

②与③的差别在于②应用于整篇文档，③应用于插入点之后。这样，做两次首页不同以后，页码从第三页开始从 1 编号，完成。

Q6 Word 页眉自动出现一根直线，该如何处理？

A：格式从"页眉"改为"清除格式"，就在"格式"快捷工具栏最左边；选中页眉文字和箭头，执行"格式"—"边框和底纹"命令，在"边框和底纹"设置中选"无"。

Q7 Word 中的脚注如何删除？虽然删除掉正文相应的符号和内容，但格式还在，应该如何处理？

A：步骤如下。

① 切换到普通视图，执行菜单中"视图"—"脚注"命令，这时最下方出现了尾注的编辑栏。

② 在尾注的下拉菜单中选择"尾注分隔符"，这时那条短横线出现了，选中它，删除。

③ 再在下拉菜单中选择"尾注延续分隔符"，此时长横线出现了，选中它，删除。

④ 切换回到页面视图。此时，尾注和脚注一样了。

Q8 如何将 Word 文档里的繁体字改为简化字？

A：执行"工具"—"语言"—"中文简繁转换"命令。

Q9 怎么把 Word 文档里已经有的分页符去掉？

A：执行"工具"—"选项"—"视图"—"格式标记"命令，选中全部，然后就能够看到分页符，取消即可。

Q10 Word 中下标的大小可以改吗？

A：执行"格式"—"字体"命令。

Q11 Word 里如何自动生成目录？

A：在"格式"—"样式和格式"中，编辑文章中的小标题，然后执行"插入"—"索引和目录"命令。

$Q12$　做目录时，如何将右边的页码对齐？

A：画表格，然后把页码都放到一个格子里靠右或居中，然后让表格的线条消隐即可。

$Q13$　怎样在 Word 中将所有大写字母转为小写？

A：执行"格式"—"更改大小写"—"小写"命令。

$Q14$　Word 中图片的分栏如何处理？

A：执行"设置图片格式"—"版式"—"高级"—"文字环绕"—"下型"—"图片位置"—"居中"—"页面"命令，要先改文字环绕，然后才能改图片位置。

$Q15$　在使用 Word 的样式之后，如标题1、标题2之类的，在这些样式前面总会出现一个黑色的方块，虽然打印的时候看不到，但看着总是不舒服，如何让它不要显示？

A：执行"视图"—"显示段落标志"命令，把前面的钩去掉。这里说明一下，其实这个标记很有用，可以便于知道哪个是标题段落。

$Q16$　文章第一页下面要写作者联系方式等。通常格式是一条短划线，下面是联系方式、基金支持等。这样的格式是怎么做出来的？就是注明页脚吗？

A：执行"插入"—"脚注和尾注"命令。

$Q17$　文字双栏，而有一张图片特别大，想通栏显示，应该怎样操作？

A：可以选择图片的内容，按单栏排。选择其他内容，按双栏排。

$Q18$　Word 里面如何不显示回车换行符？

A：把"视图"—"显示段落标记"选项前面的钩去掉或执行"工具"—"选项"—"视图"—"段落标记"命令。

$Q19$　Word 中怎么在一个英文字母上打对号？

A：透明方式插入图片对象，内容是一个"$\sqrt{}$"。

$Q20$　Word 里怎么显示修订文档的状态？文档修订后，改后标记很多，但是在菜单里没有"显示修订最终状态"等，如何调出该命令？

A：执行"工具"—"自定义"—"命令"—"类别（工具）"—"命令（修订）"命令，把"修订"等拖到工具栏上。

Q21 想在 Word 里面表示矩阵，怎样才能画出那个很大的矩阵括号？

A：安装公式编辑器 Mathtype 就可以。

Q22 Word 的公式编辑器怎么安装？

A：执行"工具"—"自定义"—"插入"—"公式编辑器"命令，把它拖到工具条上即可；或者安装 Office 后，再次安装，选增加功能，操作均有提示，按提示操作即可。

Q23 Word 2000 下如何调用公式编辑器的快捷键？

A：点击菜单中"工具"—"自定义"选项，点击对话框下方"键盘"，在"类别"里选择"插入"选项，在命令里选择"InsertEquation"，指定属于自己的快捷方式。

Q24 Word 中出现公式的行往往要比只有文字的行来得宽，如何把这些行改成与只有文字的行一样宽？

A：段落行距设为固定值即可。这样会有一个问题，比如设置为 18 磅，有些公式符号（特别是有下标的）不能全部显示，但打印稿可以显示。

Q25 我的文档就是公式多，公式一多就很容易死机，应该怎么办？

A：公式多的时候，最好的消除死机问题的办法就是每打几个公式就要存盘，如果连续打太多公式，就会出现死机问题。一旦出现此类问题时，具体办法是：选中所有内容，使用"Ctrl+C"组合键把 Word 所有文档关闭。最关键的是此时会出现一条信息，务必选择"是"。然后重新打开 Word 编辑器，使用"Ctrl+V"组合键将粘贴板上的暂存信息粘贴，利用"Ctrl+S"组合键再存盘即可。

Q26 怎样在 Word 里面的公式编辑器中输入空格？

A：利用快捷键"Ctrl+Shift+Space"。

Q27 如何使 Word 中公式全都改小一号？一个一个选实在麻烦。

A：在 Mathtype 公式编辑器中，首先，在 Mathtype 中的菜单 Size 中选 define，定义所需的字号大小；之后，在 Mathtype 中的菜单 preferences 中的 equation preference 的 save to file 存储所定义的字号文件；返回 Word 中：在 Mathtype 菜单中选 Format equation：①在 Mathtype preference file 中，选你刚才所定义的文件；②在 Range 中，选 Whole document。最后，单击"OK"按钮即可。

Q28 怎样可以去掉 Word 里面公式，或是图片上方总是出现的灰色横条？

A：执行"工具"—"选项"—"视图"—"域底纹"命令，选不显示，或选取时显示，就可以了。

Q29 Word 里边怎么样显示行号？

A：在页面设置菜单中，"版式"选项，最下面有个行号选项。

Q30 Word 里面怎么插入半个空格？

A：先在 Word 的工具栏上，选中双箭头那个钮，就可以看到原先看不到的空格，然后再编辑一下这个空格的大小，比如字号为小五或小四什么的。

Q31 Word 有没有可以按单词的首字母进行排序？就是从 A~Z 进行排序。

A：表格中的内容可以按照拼音排序。先把表格内容复制到 Excel 中，进行排序后，再导回来。

Q32 Word 中发现空格都是小圆点，是怎么回事？每输入一个空格就出现一个小圆点，怎么把它消除掉？这个空格会打印出来吗？

A：不会打印出来，如果想不显示：执行"工具"—"选项"—"视图格式标记"命令中前面的钩去掉即可。

Q33 Word 如何使两个表格能排在一起？

A：在局部分栏中，将每个分栏中放一个表格。

Q34 在一台机器上排好版的 Word 文档换在另一台机器打开就变了？页码都不对了，如何解决？

A：可能是默认的页面设置不一样，或者版本不同。

Q35 在 Word 里面插入表格，同一表格前后两行被分在了不同的页上，如何让它们在同一页？

A：转换成图文框可能更容易排版一点，或者加个文本框。

Q36 在 Word 里有了坐标图，文字却加不进去怎么办？

A：作图时直接将文字加上去；在 Word 中的绘图工具条，文字环绕里面寻找合适的方案，把图放在文字的底层。

Q37 怎么给 Word 文档加密？

A：打开文档，执行"另存为"—"工具"—"常规选项"—"打开、修改权限密码"命令，保存。

Q38 Word 文件怎么转化为 PostScript 文件？

A：先转化为 PDF 文件，然后选择"打印到文件"，通过 Distiller 生成 PS。

Q39 请问怎么把 Origin 中的图表拷贝到 Word？

A：选择 Origin 的 Edit 菜单里的 Copy Page 到 Word 里粘贴就行了。

Q40 把 Origin 的图复制粘贴到 Word，总有一大块的空白，这个空白有什么工具可以去掉吗？还有就是用 Word 自带的图表工具画图时，也是有一大块空白去不掉，这个可以解决吗？

A：右键选择图片工具栏，选择裁剪。

Q41 插入的图片为什么老是处于页面的顶端，想拖下来放到其他地方，却又自动跑到顶端去，就是拖不下来，请问该如何处理？

A：改变图片的属性，就可以了。

Q42 如何保证一幅图像固定在某一段的后面，另一段的前面，而不会因为前面段落的删减而位置改变？

A：鼠标右键，执行"图片"—"设置对象格式"—"版式"—"嵌入型"命令。

Q43 如何把在 Word 里面图形工具画的图转化为 JPG？

A：另存为 HTML 格式，然后在 HTML 文件对应的文件夹里找。

Q44 请问什么格式的图片插入 Word 最清晰？手头持有 PNG 和 TIF 格式，复制粘贴到 Word 中模糊一片，请问转换成什么图片格式用于 Word 最清晰？

A：EMF、EPS 等矢量图最清晰，不会因为缩放损失分辨率，而 JPG、BMP 等点阵图就不行了。

Q45 在 Word 中如何让图片的左、上、下边都是文本？

A：在分栏的数量为 1 的情况下实现。图片选中后点击鼠标右键，执行"设置图片格式"—"版式"—"四周型"命令就可以了。

Q46 JPG 文件插入 Word 文件以后怎么让文件变小？JPG 格式图片插到 Word 文件以后文件变得巨大，有什么方法可以让它小一点？最好是用一张软盘就可以存储。

A：用 Photoshop 改变图片的分辨率，当然要看得清楚，然后插入 Word 中，Word 有强大的压缩功能，把文档另存为比如：temp.doc，看看是不是小了很多。

Q47 Matlab 仿真图片一般怎么弄到 Word 里面的?

A：一般都是在 Matlab 里面把所有的内容直接修改好了，然后再保存的时候用 jpg 格式，再导入 Word 中就好了。

Q48 如何向 Word 中的图片添加文本，或在图片上输入一些说明文字?

A：插入文本框，将版式设成"悬浮"在 Word 的绘图工具里面有个自选图形，找到需要的括号，直接在页面上画就可以了。可以移动，大小也可以改。然后把它挪到文字边上，即可。一个小窍门就是用"Ctrl+ 箭头"组合键可以进行微调。如果你觉得经常需要对这些文字编辑，怕图形错位的话，可以将需要的文字打在一个文本框里，记得将文本框设置成透明无色的（这样就看不见文本框了），然后将文本框和括号（或其他符号）组合成一个图形，就万无一失了。

Q49 AutoCAD 的图拷贝到 Word 中如何处理?

A：有几种办法：一是可以在 Word 中进行 Auto CAD 中的图的编辑方法，将 Auto CAD 中的图的背景设为白色，然后将 Auto CAD 中图的窗口缩小至所需要的图形的大小，正好可以容纳就可以了，否则 Word 里面有很大的空白，然后，拷贝，选中所有图形中的线条，到 Word 中粘贴。二是，先转为 WMF 文件，具体先将窗口缩小，如上，然后，按 Export，选中线条，存储。打开 Word，执行"插入" — "图形" — "来自文件"命令，找到文件就可以插入了。

Q50 文章用 Word 打开时，原有的公式全是 red cross（红叉），以及 Word 中图变成红叉怎么办?

A：基本上没有办法挽救回来了，只能重新插一遍图。据微软的技术支持所说，红叉是由于资源不够引起的。也就是说，如果你所编辑的文档过大，可能因为资源问题导致图片无法调入，从而显示红叉。可是实际情况是，有时候所编辑的文档并不大，可是还是出现红叉。这就可能是因为你设置了快速保存，在选项菜单中可以找到。这是由 Word 的文档结构所决定的。当你设置为快速保存时，每次保存的时候只是把你改动过的部分添加到文档尾部，并不重写文档本身，以达到快速的目的。所以，你会看到一个本来并不长的文档的实际大小可能有好几兆。当取消了快速保存后，文档长度将大大减小。还有一个减小红叉出现可能性的办法是把图片的属性中的"浮动"去掉。这样可能在编辑的时候有一定的困难，但是对于避免红叉的出现确实很灵。再说一句，一旦红叉出现了，应该是没有办法恢复的，只有再重新贴图。

Q51 如果 Word 突然定在那里了怎么办?

A：重新打开会恢复，或者在 Word 自身的 Templates 里面找到近期文件。

任务三　Photoshop 图像处理

技 能 训 练

一、基本要求与目的

1. 了解 Photoshop 软件图像处理功能。

2. 基本掌握 Photoshop 软件中抠图、色彩调整、滤镜等工具和功能。

3. 按照指定要求完成图像处理操作。

二、仪器与设备

训练中所使用的主要设备为计算机，图 1-6 为安装了 Photoshop 软件的苹果电脑，图 1-7 为 Photoshop CS3 的操作界面。

图 1-6　Mac 电脑

图 1-7　Photoshop CS3 软件操作界面

三、基本步骤与要点

（一）训练讲解

1. 抠图工具

指导教师讲解使用套索工具、磁性套索工具、魔术棒工具、路径工具、快速蒙版等工具对给定的某一区域实现抠图处理。

> **要点：** ①针对每一种抠图工具应准备相应的素材，使得每种抠图工具能够发挥最佳效果。
>
> ②对这些抠图工具的适用情况进行分析，对使用参数进行对比。

2. 色调调整

① 使用色阶、曲线、亮度/对比度等工具调整图像的阶调层次。

② 使用色彩平衡、色相/饱和度、可选颜色等工具调节图像的色彩。

> **要点：** ①对色阶、曲线工具的适用情况进行分析。
>
> ②使用抠图工具实现一幅图像不同位置部分的色彩变换。

3. 滤镜工具

使用 Photoshop 软件中滤镜的液化、渲染、模糊等工具，创造出一个新的元素，或对已有图像元素进行变换，达到所需要的效果。

> **要点：** 了解各个滤镜工具的特点，基本掌握主要滤镜工具的参数改变对图像元素带来的变化。

（二）学生操作

① 建立符合印刷需求的新文档，设计一张超市宣传海报。

② 使用不同的抠图工具，对指导教师提供的素材上的诸多元素建立选区，并移动到新建文档中，调整至适合比例。

③ 分别对各个元素使用色调调整工具，修改元素的阶调或色彩，使之符合自己的设计修改需求。

④ 使用合适的滤镜工具，对不同的元素修改其形状，使用钢笔等工具创建对应的文字，最后构建完成一张完整的超市宣传海报。

四、主要使用工具

Adobe Photoshop CS2 及以上版本。

五、时间分配（参考：120min）

① 抠图工具演示：10min。

② 抠图工具练习：20min。

③ 色调调整演示：5min。

④ 色调调整练习：10min。

⑤ 滤镜工具演示：5min。

⑥ 滤镜工具练习：10min。

⑦ 超市海报作业：55min。

⑧ 考核：5min。

六、考核标准

考核项目	考核内容	考核分数（5分制）
抠图处理 （注：指导教师应针对不同抠图工具的特点提供相应的素材）	元素大体与背景分离开，元素有少量的缺失或少量的背景元素存在，为合格	1
	元素边界十分光滑，元素与背景完全分离开，元素没有缺失或背景元素存在，为优秀	2
色调调整	改变了元素的色调为合格	1
	正确调整了元素的色调为优秀	2
滤镜的使用	使用滤镜工具修改元素的外观为合格	1

注：每组考核成绩优秀比例≤20%，优良比例≤50%。

七、注意事项

学生在完成综合作业过程时，应及时保存文档，以免计算机死机造成文档丢失。

八、思考题

1. 对于所选元素与背景元素颜色差异很大时，应选择哪些抠图工具？若所选元素为非连续区域对象时，哪种抠图工具为最佳选择？

2. 路径工具在抠图作用中有何优点？

3. 如何将一幅灰度图像改变为一幅彩色图像，并使元素呈现正确的颜色？

4. 使用滤镜中哪个工具可以将一直线元素改变为一圆弧元素？

知 识 链 接

Adobe Photoshop 在功能上可分为图像编辑、图像合成、校色调色及特效制作部分等。

图像编辑是图像处理的基础，可以对图像做各种变换如放大、缩小、旋转、倾斜、镜像、透视等，也可进行复制、去除斑点、修补、修饰图像的残损等。

图像合成是将几幅图像利用图层操作、抠图工具等结合，制作出完整的、传达明确意义的图像，可让外来图像与创意很好地融合，达到图像天衣无缝的合成效果。

校色调色是 Photoshop 软件中极有代表性的功能，可方便快捷地对图像的颜色进行明暗、色偏的调整和校正，也可在不同颜色间进行切换以满足图像在不同领域如网页设计、印刷、多媒体等方面应用。

特效制作在该软件中主要由滤镜、通道及工具综合应用完成。包括图像的特效创意和特效字的制作，如油画、浮雕、石膏画、素描等常用的传统美术技巧都可由该功能特效完成。

Q1 怎样利用快捷键快速浏览当前打开的图像?

A：按下"Home"键，从图像的左上角开始在图像窗口中显示图像。按下"End"键，从图像的右下角开始显示图像。按下"PageUp"键，从图像的最上方开始显示图像。按下"PageDown"键，从图像的最下方开始显示图像。按下"Ctrl+PageUp"组合键，从图像的最左方开始显示图像。按下"Ctrl+PageDown"组合键，从图像的最右方开始显示图像。

Q2 怎样在状态栏中查看图像的宽度、高度、通道和分辨率信息?

A：按住"Alt"键在状态栏的中间部分按下鼠标左键，即可显示当前图像的宽度、高度、通道和分辨率信息。

Q3 要存储应用于网页中的图像，该使用哪种格式?

A：可以用 JPEG、GIF 或 PNG 格式，其中 JPEG 应用最为广泛。

Q4 在对一幅打开的图像进行了 20 步操作后，需要将图像中的一个局部恢复到第 10 步时的操作结果，可以使用哪个工具来完成?

A：使用历史记录画笔工具就可以完成。

Q5 使用什么方法可以很快画出虚线和曲线?

A：选择画笔工具，在"画笔"调板中设置笔刷属性时，将圆形笔刷压扁，然后增加笔刷的间距，即可绘制出虚线。要绘制曲线，需要先按照曲线形状绘制一个路径，然后调整画笔的不透明度值，再通过描边路径就可以产生曲线。

Q6 用钢笔工具勾取图像后，怎样将该图像抠到另一个文件中?

A：用钢笔工具勾取图像后，先将路径转换为选区，然后使用复制、粘贴命令或者使用移动工具直接将选区内的图像拖移到另一个打开的文档中即可。

Q7 进行过模糊操作的图像再经过锐化处理能恢复到原始状态吗?

A：不能。这是因为在模糊图像的同时会丢失掉部分图像信息，因此不能通过锐化处理将图像恢复为模糊处理前的状态。

Q8 前景色与背景色的作用是什么?

A：前景色和背景色都用于显示或选取所要应用的颜色。默认状态下，前景色是使用画笔工具绘画、油漆桶工具填色时所使用的颜色。背景色是当前图像所使用的画布的背景颜色。

Q9 在变换图像时，使用哪一种命令可以同时对图像进行所有的变换操作，包括缩放、旋转、斜切、扭曲、透视、变形和翻转图像等？

A：使用自由变换命令并结合使用键盘按键。

Q10 在修复图像时，需要进行像素取样的工具是哪一种？

A：修复画笔工具。

Q11 怎样使用修补工具？

A：使用"修补工具"框选图像中的破损处，然后在选区内按下鼠标左键，将选区拖动到周围完好的图像上，以指定用于修复此处的目标图像，释放鼠标后，即可完成对此处图像的修复操作。

Q12 在使用污点修复画笔工具消除图像上的瑕疵时，不需要进行像素取样吗？

A：不需要。污点修复画笔工具可以自动在图像中进行像素取样，只需要在图像中的污点上单击，即可消除此处的污点。

Q13 在使用魔术橡皮擦工具擦除图像背景时，怎样使擦除的图像范围更大？

A：在魔术橡皮擦工具选项栏中增加"容差"选项值即可。该值越大，选取颜色的范围就越广，擦除的图像区域就越大。

Q14 如何为形状图层填充渐变色？

A：要为形状图层填充渐变色，可以通过两种方法来完成。一种是栅格化形状图层，将其转换为普通图层，然后使用渐变工具进行填充。另一种是为形状图层添加"渐变叠加"图层样式。

Q15 在创建图层复合后，可以更改图层复合中记录的图像效果吗？

A：可以。在"图层复合"调板中选择并应用需要更改的图层复合，然后将该图层复合中记录的图像修改为所需的效果，再单击"图层复合"调板底部的"更新图层复合"按钮，即可将当前选取的图层复合更新，使其反映修改后的当前图层状态。

Q16 如果"图层"调板不可见，怎样将其开启呢？

A：执行"窗口"—"图层"命令或按下"F7"键，即可将其开启。

Q17 **怎样快速移动图层的位置？**

A：要将当前选中的图层往上移动，按下"Ctrl+]"组合键即可。要将当前选中的图层往下移动，按下"Ctrl+["组合键即可。

Q18 **怎样同时选择多个图层？**

A：在"图层"调板中选取一个图层，然后按住"Shift"键单击另一个图层，则可以选择这两个图层以及它们之间的所有图层。另外，按住"Ctrl"键单击需要选择的图层，可选择不连续排列的多个图层。

Q19 **怎样在 Photoshop 中淡化图片？**

A：淡化图片的方法有以下几种：改变图层的不透明度，100%为完全不透明；降低色调的对比度，增加亮度；使用图层蒙版进行颜色遮罩；使用羽化效果淡化图片中的局部图像。

Q20 **怎样修改图层名称？**

A：在图层名称上双击鼠标左键，在出现文本编辑框后，将图层名称修改为所需要的名称即可。

Q21 **怎样将应用到图层上的图层样式效果保存在"样式"调板中，以便重复应用该样式？**

A：选择一个应用有图层样式的图层，然后在"样式"调板中单击"创建新样式"按钮，在弹出的"新建样式"对话框中，为样式命名并选择所需的选项，再单击"确定"按钮即可。

Q22 **什么是 Alpha 通道？**

A：Alpha 通道是用于存储图像选区的蒙版，它不能存储图像的颜色信息。在"通道"调板中，新创建的通道为 Alpha 通道。

Q23 **将图像由彩色转换为灰度时，使用哪种方法可以使转换后的灰度图像更加细腻？**

A：要将彩色图像转换为灰度图像，通常使用的方法是执行"图像"—"模式"—"灰度"或"图像"—"去色"命令。不过要使转换后的灰度效果更加细腻，可以先执行"图像"—"模式"—"Lab 颜色"命令，将图像转换为 Lab 颜色模式，然后在"通道"调板中，删除通道"a"和通道"b"即可。

Q24 **哪种色彩模式可以直接转化为位图模式？**

A：双色调模式和灰度模式。

Q25 如何查看图像中的色调分布状况？

A：图像中不同亮度级别的像素数量会被准确地反映在直方图中，因此可以通过"直方图"调板查看图像中的色调分布状况。在使用直方图查看图像色调时，可以注意以下几个方面。在直方图的左端产生溢出现象，并且右端没有像素时，表明图像暗部的细节损失较大，图像的亮度不足，为曝光不足的图像；在直方图的右端产生溢出现象，并且左端没有像素时，表明图像亮部的细节损失较大，图像为曝光过度；当直方图的两端都产生溢出现象时，图像的亮部和暗部都有较严重的细节损失，表明色调的反差太大；当直方图的左右两端都为空白时，表明像素集中在中间色调部分，图像中没有明显的色调反差。

Q26 Photoshop 可以自动调整图像的颜色吗？

A：使用"自动色调"、"自动对比度"和"自动颜色"命令，即可自动校正图像中存在的色调和颜色问题。

Q27 使用哪个色彩调整命令可以对图像颜色进行最为精确的调整？

A：执行"曲线"调整命令。

Q28 当图像偏蓝时，使用"变化"调整命令应当为图像增加哪种颜色，以达到色彩平衡？

A：黄色。

Q29 在使用"色阶"命令调整图像色调时，怎样调整能使图像变亮或变暗？

A：减小"色阶"对话框中"输入色阶"最右侧的数值，可以使图像变亮，而增加"输入色阶"最左侧的数值可以使图像变暗。

Q30 怎样快捷地调整局部图像的饱和度？

A：选择海绵工具，在该工具选项栏中的"模式"下拉列表中选择"降低饱和度"选项，然后在图像上进行涂抹，可降低此部分图像的饱和度。在"模式"下拉列表中选择"饱和"选项，然后在图像上进行涂抹，可提高此部分图像的饱和度。

Q31 怎样快捷地调整局部图像的亮度？

A：使用减淡工具即可对局部图像进行提亮加光处理。使用加深工具即可降低图像的曝光度，并加深图像的局部色调。

Q32 要使图像呈现暖色调效果，使用哪种调整命令呢？

A：使用"照片滤镜"命令就可以了。"照片滤镜"命令类似在相机镜头前面加彩色滤镜，以便调整通过镜头传输的光的色彩平衡和色温，使图像产生暖色调或冷色调的效果。

Q33 使用哪种调整命令可以解决照片中因逆光而产生的阴影色调太暗的问题？

A：使用"阴影／高光"命令就可有效校正由强逆光而形成剪影的照片，或者校正由于太接近相机闪光灯而有些发白的焦点。该命令不是简单地使图像变亮或变暗，它基于阴影或高光中的周围像素（局部相邻像素）增亮或变暗，其默认设置就可有效修复具有逆光问题的图像。

Q34 在 Photoshop 中可以制作负片效果吗？

A：使用"反相"命令就可以将正片黑白图像转变为负片或将扫描的黑白负片转变为正片。

Q35 为什么使用"匹配颜色"命令不能在两个图像之间进行颜色的匹配？

A："匹配颜色"命令用于匹配不同图像之间、多个图层之间或多个颜色选区之间的颜色，它允许用户通过更改图像的亮度、色彩范围以及中和色痕的方式调整图像中的颜色。要在不同图像之间匹配颜色，必须同时开启用于匹配颜色的图像。

Q36 怎样制作高对比反差的黑白图像？

A：使用"阈值"命令即可。该命令可以将色阶指定为阈值，亮度值比阈值小的像素将转换为黑色，亮度值比阈值大的像素将转换为白色。

Q37 为什么文本工具选项栏中的"设置字体样式"选项有时不可用？

A：只有在为英文设置相应的英文字体后，"设置字体样式"选项才能被激活，在该选项下拉列表中显示了当前所选字体中包含的所有字体样式。根据选择的英文字体的不同，字体样式选项也会不同。

Q38 在输入文字的过程中，是否可以变换文字？

A：可以。在输入文本时，按住"Ctrl"键，在文字四周将出现变换控制框，这时即可对文字进行缩放、旋转、倾斜和镜像等操作。

Q39 怎样为文字填充渐变色？

A：要为文本填充渐变色，可以通过两种方法来完成。一是将文字图层转换为普通图层，然后锁定该图层的透明像素，再按照填充图像或选区的方法为文本填充所需的渐变色即可。另一种方法是保留文字图层，为文字图层添加"渐变叠加"图层样式即可。

Q40 在使用直排文本工具输入英文时，英文将是倒立的（与文字行垂直），那么怎样才能使英文直立排列呢？

A：选择直排英文所在的图层，然后单击"字符"调板右上角的按钮，从弹出式菜单中选择"标准垂直罗马对齐方式"命令即可。

Q41 通常输入的段落文本都会因为字符的差异而使各行文字都不能完全对齐，那么有没有方法可以使段落文本的各行（除段落的最后一行）都能完全对齐呢？

A：在编排段落文本时，将各行文字完全对齐后可以得到更为规整的排列效果。要使各行文字（除最后一行）都能完全对齐，可以在选择段落文本所在的文字图层后，单击"段落"调板中的"最后一行左对齐"按钮即可。

Q42 有时为了设计需要，要编辑文字的字形，使用哪种方式更利于编辑呢？

A：首先输入文字，并为文字设置一种适当的字体，然后执行"图层"—"文字"—"转换为形状"命令，将文字图层转换为形状图层，此时的文字具有矢量特性，因此用户就可以在该文字的基础上，按照编辑路径形状的方法，并根据自己的构思对字形进行有效的编辑。

Q43 将文字转换为普通图层后，是否还可以恢复文字所在的图层为文字图层？

A：Photoshop 不具备将普通图层转换为文字图层的功能，不过，如果在将文字图层转换为普通图层后，未对该文档进行超过 20 步的操作，那么用户就可以通过"历史记录"调板，将文档恢复为转换文字图层为普通图层前的状态。但是，如果已经对该文档进行了超过 20 步的操作，那么就不能进行此种状态的还原，这是因为在默认状态下，"历史记录"调板只会记录对当前文档所进行的最近 20 步的操作。

Q44 是否可以为段落文本应用变形文字效果？

A：可以，Photoshop 可以为点文本和段落文本都应用变形文字效果。当对段落文本应用变形文字效果后，段落文本框会同文字一起产生相应的变形，以使文字在该形状内产生变形，并在该形状内进行排列。

Q45 怎样为图像或文字添加渐变或图案的描边效果？

A：要为图像或文字添加渐变或图案的描边效果，最简便的方法是为图像或文字所在的图层添加"描边"图层样式。在添加"描边"图层样式时，系统会弹出"图层样式"对话框，在"描边"选项设置中的"填充类型"下拉列表中选择"渐变"或"图案"选项，然后设置用于填充的渐变色或图案，再单击"确定"按钮即可。

Q46 由于文档的分辨率设置得太高，所以在选择所要应用的滤镜时，为了查看应用后的图像效果会浪费太多等待的时间，在这种情况下该采用何种方法来更快地选择所需要的滤镜呢？

A：在对分辨率较高的图像文件应用某些滤镜效果时，会占用较多的内存空间，这时会造成电脑的运行速度减慢。建议在应用滤镜功能前，可以先将局部图像创建为选区，先对部分图像应用滤镜效果，待得到满意效果后，再对整个图像应用滤镜效果，这样可提高工作效率。

Q47 为什么在有些图像中不能应用滤镜效果呢？

A：滤镜效果不能应用于位图模式、索引颜色以及 16 位 / 通道的图像，并且有些滤镜只能应用于 RGB 颜色模式的图像，而不能应用于 CMYK 颜色模式的图像。

Q48 通过图像合成的方法为人体制作纹身效果时，怎样才能使纹身效果更加逼真？

A：首先将人体图像制作为一个置换图，然后通过置换命令使纹身图案按人体表面外形进行相应的扭曲，再通过设置图案所在的图层的混合模式，来达到逼真的纹身效果。

Q49 使用哪种滤镜可以在图像中制作镜头光晕效果？

A：使用"渲染"滤镜组中的"镜头光晕"滤镜即可。

Q50 如果要制作油画效果的图像，需要应用到哪些滤镜？

A：按所应用滤镜的先后顺序，需要应用到的滤镜包括："渲染"滤镜组中的"云彩"滤镜、"杂色"滤镜组中的"中间值"滤镜、"扭曲"滤镜组中的"玻璃"滤镜、"素描"滤镜组中的"影印"滤镜、"艺术效果"中的"海报边缘"和"塑料包装"滤镜、"液化"滤镜、"渲染"滤镜组中的"光照效果"滤镜和"锐化"滤镜组中的"锐化"滤镜。

Q51 怎样设置文档的打印尺寸？

A：文档的打印尺寸可以在"页面设置"对话框中进行设置。执行"文件"—"页面设置"命令，打开"页面设置"对话框，在该对话框中即可设置打印文件时所使用的纸张大小、方向等参数。设置好打印参数后，将文档尺寸按长宽比例调整到打印范围内即可。

Q52 在制作印刷品的过程中，当图像是以 RGB 模式扫描的，该怎样对图像进行处理，以达到最佳的印刷效果？

A：尽可能在 RGB 模式下对图像颜色进行调整，最后在输出之前将该图像转换为

CMYK 模式。

Q53 在扫描过程中最容易丢失色彩层次的是哪些部分？

A：亮调和暗调。

Q54 在一次性扫描多张图片后，怎样快捷地将图片从扫描背景中抠取出来？

A：通过执行"文件"—"自动"—"裁剪并修齐照片"命令，即可将扫描文件中的多个图像自动裁剪并修齐成为各个单独的图像文件。

Q55 在对印刷品进行扫描后得到的图像中，会出现很多的网点，该怎样消除这些网点呢？

A：要消除图像中的印刷网点，可以执行"滤镜"—"杂色"—"蒙尘与划痕"命令，在弹出的"蒙尘与划痕"对话框中设置适当的选项参数，然后单击"确定"按钮即可。在"蒙尘与划痕"对话框中不要将"半径"值设置得太大，否则会使图像更模糊。

任务四　Illustrator 图形处理

一、基本要求与目的

1. 熟悉 Illustrator 的基本操作及绘图方法。

2. 基本掌握 Illustrator 的常用工具、常用命令、各种图形的理论概念。能够利用工具解决常见实际问题，能独立运用 Illustrator 软件进行相关创作和图形设计。

3. 按照指定要求完成图形处理要求。

二、仪器与设备

训练中所使用的主要设备为苹果电脑（见前图 1-6）。图 1-8 为本训练所使用的 Illustrator CS2 软件操作界面。

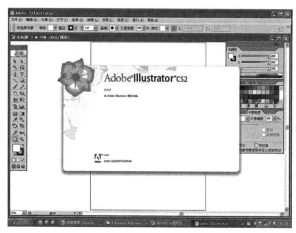

图 1-8　Illustrator CS2 软件操作界面

三、基本步骤与要点

（一）训练讲解

1. 选取类工具

指导教师讲解使用缩放工具、抓手工具、选择工具、直接选择工具组、魔棒工具和套索工具。

> **要点：** ① 认识 Illustrator 的界面风格，其中包括界面的总体布局，工具箱、设置栏以及各种不同的面板。
> ② 能够清楚地了解 Illustrator 的各个组成部分。

2. 调整类工具

① 掌握路径的基本概念、应用技巧，绘制各种不同的路径及对路径进行调整修改，进行描边、填充颜色或图案等效果处理。

② 掌握将图形或图片进行旋转、比例缩放、变形、自由变换、橡皮擦、修整等工具的运用。

3. 图形、颜色的相关处理

① 学会使用矩形工具组、吸管工具组、实时上色等工具，设置印刷专色等。

② 掌握渐变网格和混合工具等应用技巧。

> **要点：** 填充颜色工具的使用。

（二）学生操作

① 使用钢笔工具、渐变工具等绘制一个物品或人物。

② 使用钢笔工具、矩形工具组、旋转工具等绘制一组 4 个花朵造型。

③ 使用基本绘制工具、修整工具、对齐工具等绘制物品。

④ 使用蒙版工具、文字工具、修整工具等绘制光盘或电影海报。

⑤ 使用混合工具或渐变网格工具等绘制物品。

⑥ 创建印刷专色色块。

四、主要使用工具

Adobe Illustrator CS2 及以上版本。

五、时间分配（参考：60min）

① 指导教师讲解 Illustrator 的基本使用工具和方法：20min。

② 钢笔工具、渐变工具练习：15min。

③ 花朵练习：10min。

④ 修整工具练习：10min。

⑤ 蒙版工具练习：10min。

⑥ 混合工具练习：10min。

⑦ 考核：5min。

注：第②、③、④任选 2 项，第⑤、⑥任选 1 项。

六、考核标准

考核项目	考核内容	考核分数（5分制）
绘制工具的使用	形状相似，看得出效果，为合格	3
	形状达到要求，效果基本实现，为良好	4
	形状、效果均达到要求，为优秀	5

注：每组考核成绩优秀比例≤20%，优良比例≤50%。

七、注意事项

学生在完成每一步操作时应及时保存，以免计算机死机造成文档丢失。

八、思考题

1. 滤镜中的"扭曲"与效果中的"扭曲"有何区别？

2. 文字转曲的目的是什么？

3. 在 Illustrator 中如何将 RGB 模式转换为 CMYK 模式？

4. "扩展"后的圆环具有何种功能？

知 识 链 接

Adobe Illustrator 有高级绘图工具、多种多样的艺术笔刷和强大的制作工具，结合图层效果、样式等工具可以便捷地绘制出精美的图形效果。

Adobe Illustrator 具有高级色彩控制功能，与其他 Adobe 软件无缝组合，可以保留 Photoshop 文件的图层、蒙版、通道、可编辑的文字等。

Web 图形处理功能。可以制作 Flash（SWF）和 SVG 图形；输入输出 GIF、JPEG 和 PNG 格式的文件。

Adobe Illustrator 的超级排版功能，可使文字放置在路径上、路径内等，实现排版效果。

乑嫔±咋屄喷炝

Q1 在 Illustrator 里面把画布放大到 100%，显示的图像大小就是实际印刷的大小吗？

A：选中物件，看 Info 面板上就是实际大小尺寸。

Q2 如果说有两个图形正好上下相叠，并且上面的大，下面的小，那要怎么样才能快捷地选择呢？

A：按住 "Ctrl+A（全选）" 组合键，若按住 "Shift" 键就是反选（即：全选取之后，想要下面的，就按住 "Shift" 键选上面的，相反，想要上面的就按住 "Shift" 键并拖动鼠标选取下面的）。

Q3 将图片放在一大段文字中间，如何将文字放在一个圆形框内，文字段落的首尾与圆形框对齐？

A：选择 "文本绕图" 格式，选中圆形框内文字，段落面板，文字排列首尾齐。

Q4 如果几个图形在一个文件内，其中一个图形在画布内和画布外都有，但只想导出画布内的，请问在 Illustrator 里如何设置？

A：① 执行 "编辑" — "对象" — "裁切标记" — "创建" 命令，这样就只输出画布内的图形。

② 执行 "编辑" — "对象" — "裁切标记" — "释放" 命令，可以拉动蓝色裁切框，改变裁切大小，之后不要点其他，直接再执行 "编辑" — "对象" — "裁切标记" — "创建" 命令，就可以随心所欲创建裁切标记了。只有裁切标记框内的图形可以输出。

③ 使用矩形工具把所需要输出的范围框住，然后制作裁剪标记就可以只输出所框住的部分。

Q5 存在 Photoshop（PS）软件中的文件在 Illustrator 打开后，都是已经合并层的文件，如何实现有分层的文件？

A：直接用 Illustrator 导出 PSD 格式。Illustrator 中的大图层无论含有多少子图层，在 PS 中都合并为一个普通图层；Illustrator 中大图层下的多个子图层编组后，在 PS 中将建立一个图层组，Illustrator 中编组的图层在 PS 中合并为一个普通图层，并包含在图层组下；如果 Illustrator 中一个大图层下包含多个编组图层，则转到 PS 中后，大图层转为一个图层组，Illustrator 中大图层下的多个编组图层在 PS 中各自建立一个普通图层，包含在同一个图层组下。如果用 PS 直接打开或置入 Illustrator 文件，则图层信息丢失。

Q6 如何实现边框随整体一起放大缩小？

A：双击比例缩放工具，然后，勾选比例缩放描边和效果。

Q7 如何加深或调亮颜色？

A：在颜色的面板上用箭头调整颜色时，同时按住"Shift"或者"Ctrl"键。

Q8 如何仅仅输出选取区域？

A：用裁剪区域工具。

Q9 如何使用自由变换工具？

A：使用鼠标点住图形一角（此时鼠标为双箭头），然后，按住"Ctrl"键，此时，鼠标会变成单小三角形，此刻，可以随意拉动变形图形。

Q10 如何放大缩小视图？

A：按住"Alt"键配合鼠标滚轮即可。

Q11 如何使用制表符？

A：选中文字，然后，按住"Ctrl/苹果键 +Shift+T（结合 Tab 键，空格键用）"组合键。

Q12 用文本框输入文本时，选择了竖排的方式，数字是横放的，怎么让它也竖放呢？

A：按住"Ctrl+T"组合键打开"Character（字符）"调板，在"Direction（方向）"右边的下拉列表中选择"Standard(标准)"，如果没有看到这一项，从弹出菜单中选择"Show Multilingal（显示多语种）"。

Q13 如何为置入的照片加边框？

A：按住"Ctrl+U"组合键打开智能捕捉，拉一个同样大小的矩形。

Q14 如何为置入的照片加阴影效果？

A：操作顺序为"Effect"—"stylize"—"drop shadow"。

Q15 对于不规则边的照片采用文本绕图时，移动照片文本不跟着绕图，如何作？

A：自己手工画绕图的图形，然后把图形和照片群组之后再加绕图命令。

Q16 在 Illustrator 中导入 EPS 图片，出现的图片有明显的点点，这样出胶片是否有问题？

A：Illustrator 里默认使用低分辨率的预览模式来显示链接的 EPS 图形，可以进入："Edit" — "Preferences" — "Files & Clipboard"，去掉 "Use Low Resolution Proxy for Linked EPS" 左边复选框的勾选，从而显示高分辨率的图像。

Q17 Illustrator 中的滤镜和效果命令有何区别？

A：一般来说，滤镜命令是破坏性的，应用后没有办法再次修改参数。而效果命令是动态的，虽然表面上跟滤镜的功能类似，但是所产生的效果并非实际应用于物体本身，应用后可以通过 Appearance[快捷键 Shift+F6] 面板中双击相应的效果来再次修改相应的参数，或者删除某种效果同时保持物体原样。

Q18 用 Illustrator 绘制了一个图，图板是 A4 纸张的大小，所有显示内容都是在图板内部的，但是由于背景用了蒙版，被遮罩的内容有一部分在图板外部，这时候转存为 PDF 格式以后，用 Adobe Reader 打开图板就变成不是 A4 大小，而是变成容纳所有内容的区域，即使不可见内容图板也会延伸过去，这样看上去很难看，如何能强制图板是 A4 大小呢？

A：操作步骤为，执行"菜单" — "对象" — "剪切蒙版" — "建立"命令，输出时即为裁切标志 [画板] 的范围。

Q19 矢量图形置入 Photoshop 时没有路径选项，如何处理？

A：剪贴板之间的兼容在 Adobe 设计流中是很重要的环节，操作步骤为："打开首选项" — "文件处理和剪切板"，将 AICB 下的"保留路径"勾选即可。

Q20 在 Illustrator 中如何设置微调偏移，如移动两毫米？

A：执行"首选项" — "常规" — "键盘增量（快捷键 Ctrl+K）"命令。

Q21 在 Illustrator 中，如何设置多个页面，如 8 个页面的册子？

A：Illustrator 没有分页功能，但在新建文件时，应该在画板数量那里填写需要的页面。

Q22 如何将文件转为 PSD 分层文件？

A：打开要编辑的 Illustrator 文件，打开图层面板，在右上方的小三角下选择"释放到所有图层（顺序）导出，选择 PSD 文件格式，在"选项"中选写入图层、最大可编辑性、消除锯齿、嵌入 ICC 配置文件。

Q23 如何做简单爆炸效果？

A： 先画个多边形或其他的形状，执行"选择对象执行"—"效果"—"扭曲和变换"—"收缩和膨胀"命令。

Q24 如何将画布居中在显示器上？

A： 按住"Ctrl+0"组合键，相当于 CorelDRAW 里面的快捷键"Shift+F4"，都是使画布在画面上居中显示。

Q25 渐变的图形如何出血？

A： ① 把需要出血的渐变图形对象"复制"一个原位粘贴，并隐藏、锁定。

② 选中原渐变，执行"执行"—"对象"—"扩展"命令，可以看出变成了一条条的色块。

③ 按"F7"键回到图层面板，把最靠边的留下，其他的都删掉。

④ 现在对最靠边的色块进行出血，这样不影响渐变效果，把隐藏的显示出来。

Q26 在 Illustrator 中不规则图形如何对称？

A： 使用镜像工具在对象的某个节点上点击，然后按住"Alt"键在相邻的一个节点上点击。这样就可以复制、镜像。

Q27 在 Illustrator 中，填充方便的快捷键是哪个？

A： 在用 Illustrator 时选中一个物体后，按键盘上的逗号、句号、问号键可以分别填充 Illustrator 工具箱下方的 3 种填充类型，即实色填充、渐变填充、无填充。

任务五 InDesign 排版

技 能 训 练

一、基本要求与目的

1. 掌握必要的页面排版技术和文字处理理论知识，引导学生将所学知识与出版印刷技术相结合。

2. 熟练掌握 InDesign 排版软件应用和操作，了解文字处理与最后印刷效果的关系。

3. 制作报纸、杂志、书籍、广告和海报的各种排版效果。

二、仪器与设备

本训练中所使用的主要设备为苹果电脑（见前图 1-6）。图 1-9 为训练所使用的 InDesign CS3 软件操作界面。

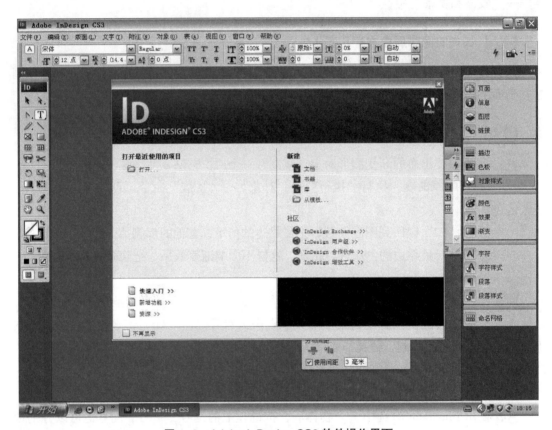

图 1-9　Adobe InDesign CS3 软件操作界面

三、基本步骤与要点

（一）训练讲解

1. 排版设计基础操作

①熟练掌握如何建立一个多页文档，如何进行版面设置（包括页面设置、版面网格设置、参考线、基线网格、插入和删除页面、设置主页、编排页码等）。

②熟练掌握文本的操作（包括导入文本、在文本框之间串接文本、设置分隔符等）。

③熟练掌握样式操作（包括设置、应用样式等）。

> **要点：** 熟悉 InDesign 软件的界面，掌握工具箱中的各种工具，以及各个菜单命令和工具面板；掌握 InDesign 软件的一些基本操作。

2. 图文混排设计

熟练掌握置入图像对象的操作（包括定位对象、环绕文字、编辑节点、创建、编辑路径文字等）。

> **要点：** 掌握 InDesign 软件的图像置入和图文混排操作。

3. 表格的设计

熟练掌握创建表格、在表格中输入文本与图像、整体控制行列、复制和删除行列、表文互转、表格边线与填色等各项操作。

> **要点：** 掌握 InDesign 软件有关表格的各项操作。

4. 书籍版面的设计

熟练使用 InDesign 软件的各种功能，设计一个书籍版面，学习如何创建目录、应用目录样式自动生成目录等。

> **要点：** 掌握 InDesign 软件书籍版面的设计方法。

（二）学生操作

① 时尚杂志目录的排版。

② 产品介绍的排版。

③ 宣传海报的排版。

注：学生可选做以上任意 1 个。

四、主要使用工具

Adobe InDesign CS2 及以上版本，时尚杂志、产品介绍、宣传海报的样本。

五、时间分配（参考：**120min**）

① 指导教师讲解 InDesign 的基本使用方法：15min。

② 学生根据选择内容完成排版设计：100min。

③ 考核：5min。

六、考核标准

考核项目	考核内容	考核分数（5分制）
InDesign 排版	基本表达出设计要求，版面设计基本合理，有部分格式不正确，为合格	3
	正确表达出设计要求，版面设计合理，有较少的格式错误，为良好	4
	正确表达出设计要求，版面设计合理，无格式错误，为优秀	5

注：每组考核成绩优秀比例≤20%，优良比例≤50%。

七、注意事项

① 版面中的素材均已放在文件夹中，学生可自行选择使用，也可使用软件工具制作所需的图片。

② 学生在完成综合作业时，应及时保存文档，以免计算机死机造成文档丢失。

八、思考题

1. 使用 InDesign 输出文档为 XML 或 SVG 时，相关的选项和设置有哪些？

2. 中文排版时必须设置哪些选项？

3. InDesign 中改图文框的内容有哪些？

4. 分析专色与印刷色的不同之处，并说明各在何种情况下使用。

一、印刷文档的正文排版规则

1. 正文排版的类型

书刊正文排版基本上可以分为以下几类。

① 横排和直排：横排的字序是自左而右，行序是自上而下；直排的字序是自上而下，行序是自右而左。

② 密排和疏排：密排是字与字之间没有空隙的排法，一般书刊正文多采用密排；疏排是字与字之间留有一些空隙的排法，大多用于低年级教科书及通俗读物，排版时应放大行距。

③ 通栏排和分栏排：通栏就是以版心的整个宽度为每一行的长度，这是书籍的通常排版的方法。有些书刊，特别是期刊和开本较大的书籍及工具书，版心宽度较大，为了缩短过长的字行，正文往往分栏排，有的分为两栏（双栏），有的三栏，甚至多栏。

④ 普通装、单面装、双面装：普通装是相对于单面装、双面装而言。横排书要在字行的下面加排着重点的称为单面装。至于直排书，标点以及专名线等都排在字行右边的称为单面装；在字行左、右或上下都排字的称为双面装。字行左右、上下都不排字的称为普通装。

2. 正文的排版要求

正文排版必须以版式为标准，正文的排版要求如下：

① 每段首行必须空两格，特殊的版式做特殊处理。

② 每行之首不能是句号、分号、逗号、顿号、冒号、感叹号，及引号、括号、模量号、矩阵号等的后半个。

③ 非成段落的行末必须与版口平齐，行末不能排引号、括号、模量号以及矩阵号等的前半个。

④ 双栏排的版面，如有通栏的图、表或公式时，则应以图、表或公式为界，其上方的左右两栏的文字应排齐，其下方的文字再从左栏到右栏接续排。在章、节或每篇文章结束时，左右两栏应平行。行数为奇数时，则右栏可比左栏少排一行字。

⑤ 在转行时，有些内容不能分拆：整个数码、连点（两字连点）、波折线、数码前后附加的符号（如 95%，r30，−35℃，×100，～50）。

3. 正文排版应注意的问题

在正文排版中应严格遵循忠实于原稿的原则。对于一些未经过编辑加工或编辑加工较粗的稿子中出现的一些明显的上下文不统一的特殊情况就可以随手将其统一。例如："在 ×× 事件中，直接参与者占 34%，得占百分之十……"这句话中出现的"34%"和"百分之十"的写法上不统一。在科技文章中，应将其统一为阿拉伯字。对大而简单的数可以采用两者结合的形式，也可采用指数形式。

中文序码后习惯用顿号（如"五、"）。阿拉伯数码后习惯用黑脚点（如"5."），不要用顿点（"5、"）。

省略号在中文中用 6 个黑点"……"，在外文和公式中用 3 个黑点"…"来表示。

文字或数字、符号之间的短线，应根据原稿的标注来确定短线的长短。在没有标注的情况下。范围号用"一字线"（稿纸上占一格），例如 54%–94%，但也可用"～"。破折号用"两字线"，例如插语"机组——发电机和电动机"。连接号用"半字线"（稿纸上不占格，写在两字之间），例如章节码（§3–2），图表码（图 6–4）。

4. 目录的排版要求

目录的繁简随正文而定，但也有正文章节较多，而目录较简单的情况。对于插图或表格较多的书籍，也可加排插图目录或表格目录。

目录字体，一般采用书宋，偶尔插入黑体。字号大小，一般为五号、小五号、六号。目录版式应注意以下事项。

① 目录中一级标题顶格排（回行及标明缩格的例外）。

② 目录常为通栏排，特殊的用双栏排。

③ 除期刊外目录题上不冠书名。

④ 篇、章、节名与页码之间（单篇论文集或期刊为篇名与作者名之间）加连点。如遇回行，行末留空三格（学报留空六格），行首应比上行文字退一格或二格。

⑤ 目录中章节与页码或与作者名之间至少要有两个连点，否则应另起一行排。

⑥ 非正文部分页码可用罗马数码，而正文部分一般均用阿拉伯数码。章、节、目如用不同大小字号排时，页码亦用不同大小字号排。

二、标题排版规则

1. 标题的结构

标题是一篇文章核心和主题的概括，其特点是字句简明、层次分明、美观醒目。

书籍中的标题层次比较多，有大、中、小之别。书籍中最大的标题称为一级标题，其次是二级标题、三级标题等。如本书最大的标题是模块，则一级标题从模块开始，二级标题是项目，三级标题是任务。大小标题的层次，表现出正文内容的逻辑结构，通常采用不同的字体、字号来加以区别，使全书章节分明、层次清楚，便于阅读。

2. 标题的字距、占行和行距

在排版中，所有标题都必须是正文行的倍数。

标题所占位置的大小，视具体情况而定。篇幅较多的经典著作，正文分为若干部或若干篇，部或篇的标题常独占一页，一般书籍另面起排的一级标题，所占位置要大些，约占版心的四分之一。

标题在一行排不下需要回行时，题与题之间，二号字回行行间加一个五号字的高度；三号字行间加一个六号字的高度；四号字以下与正文相同。

3. 标题排版的一般规则

① 题序和题文一般都排在同一行，题序和题文之间空一字（或一字半）。

② 题文的中间可以穿插标点符号，以用对开的为宜。题末除问号和叹号以外，一般不排标点符号（数理化书刊的插题可题后加脚点）。

③ 每一行标题不宜排得过长，最多不超过版心的五分之四，排不下时可以转行，下面一行比上面一行应略短些，同时应照顾语气和词汇的结构，不要故意割裂，当因词句不能分割时，也可下行长于上行。

④ 节以下的小标题，一般不采用左右居中占几行的办法，改为插题，采用与正文同一号的黑体字排在段的第一行行头，标题后空一字，标题前空两字。

⑤ 标题以不与正文相脱离为原则。标题禁止背题，即必须避免标题排在页末与正文分排在两面上的情况。各种出版物对背题的要求也有所不同。有的出版物要求二级标题下不少于 3 行正文，三级标题不少于 1 行正文。没有特殊要求的出版物，二、三级标题下应不少于 1 行正文。

三、印刷文档排版的常用软件

印刷排版常用软件有 Adobe 公司的 InDesign，Quark 公司的 QuarkXPress，北大方正公司的 FIT（飞腾）、蒙泰排版软件、文渊阁排版软件等。

其中 InDesign、FIT 和 QuarkXPress 在排版软件中应用较多，功能较强。

（1）FIT 的功能特色有：中文处理功能较强，能满足中文的各种禁排要求，图形绘制功能强、底纹多、变换功能强。

（2）InDesign 的特色有：能输出 PDF 及 HTML 文件，图层管理、色彩管理功能强，图文链接、表格制作功能独特。

（3）QuarkXPress 特色有：自动备份及存储功能、组页功能，可输出 EPS，可用渐变填充图形等。

鉴于以上特点，3 种排版软件的应用领域如下：

① FIT 用于中文字多、图文混排复杂的版面，如报纸、期刊等。

② InDesign 用于印刷排版，以及制作电子出版物。

③ QuarkXPress 用于图片多，文字少的大型彩色杂志、广告、画册等。

四、InDesign 排版软件的特点

InDesign 软件是一个定位于专业排版领域的设计软件，是面向公司专业出版方案的新平台。针对艺术排版的程序，提供给图像设计师、产品包装师和印前专家。具有以下特色功能：① 实时印前检查。② 可自定义链接面板。③ 条件文本。④ 导出为 Adobe Flash CS4 Professional。⑤ 交叉引用。⑥ 智能参考线。⑦ 使用 SWF 文件导出实现交互式文档设计。⑧ 跨页旋转。⑨ 智能文本重排。

Q1 在 InDesign 中设置一些参数以后，如何恢复到默认设置？

A： 退出 InDesign，重新启动 InDesign 的同时快速按下"Ctrl+Shift+Alt"组合键，会弹出一个提示对话框，询问是否要删除 InDesign 设置。单击"是"则可删除使用过程中储存的设置，恢复到刚安装 InDesign 时的设置状态。

Q2 在排版过程中，如何调整剪贴板的大小？

A： 选择"编辑"—"首选项"—"参考线和剪贴板"选项，"剪贴板选项"的"最小垂直偏移"可以控制剪贴板垂直方向的大小。该数值越大，则页面上、下端留出的空白位置越多，反之则越少。

Q3 如何检查溢流文本?

A：InDesign CS2、InDesign CS3 版本中"文件"—"导出"，设置保存类型为"pdf"，若文档中有溢流文本，软件会在导出前自动弹出提示信息。InDesign CS4 中"窗口"—"输出"—"印前检查"，若文档中有溢流文本，则会详细列出。

Q4 如何使用分色预览检查颜色是否正确?

A："窗口"—"输出"—"分色预览"，打开分色预览面板，视图选择分色。下面以检查是否含有四色文字为例进行说明。分别单击"青色"、"洋红色"、"黄色"、"黑色"选项，观察页面中的变化。可以看到，黑色的文字应该只在"黑色"上出现，但右页上有一处文字，在"青色"、"洋红色"、"黄色"、"黑色"上都出现了，由此可证明，此处文字用了四色黑。

Q5 输出 PS 文件和输出 PDF 文件有什么区别?

A：PS（PostScript）语言主要用于激光打印机和激光照排机输出。在 PageMaker 的时代，通常都是将 PM 文件输出为 PS 文件进行出片，这种方式的缺点是，文件太大，输出时间较长而且无法实时预览，不方便在出片前检查错误。而符合印刷条件的 PDF 文件比 PS 要小得多，输出时间较短，而且只要用免费的 Adobe Reader 就可以随时查看。

Q6 为什么要尽量在 InDesign 中处理大量文字?

A：Photoshop 处理的文字通常是位图，不清晰，InDesign、Illustrator 等矢量软件处理后的文字是矢量的，清晰度通常为 1200～2400dpi，远高于位图分辨率（300～350dpi）。Photoshop 通常用来做特效文字。在处理大量文字的时候，Illustrator 的文字功能远没有 InDesign 强大，所以最多做一些简单的宣传单页，它主要用来绘制矢量图，而不是排版。InDesign 有很多针对文字的专业功能，所以要尽量在 InDesign 中处理大量文字。

Q7 A4 和 16K 的区别

A：A4 的尺寸为 210mm×297mm，该尺寸通常为打印纸的尺寸；16K（大度）的尺寸为 210mm×285mm，该尺寸通常为宣传册的尺寸；16K（正度）的尺寸为 185mm×260mm，该尺寸通常为图书的尺寸。在国内，符合印刷的尺寸为 16K（包括正度、大度），而 A4 尺寸用于印刷的话，会浪费纸张。

照排打样

任务一 色彩管理

技能训练

一、基本要求与目的

1. 了解色彩管理的意义。

2. 了解色彩管理的工作流程。

3. 对显示器进行色彩管理，掌握色彩管理的过程与方法。

4. 分析生成的色彩管理特性文件的结构和颜色转换的方法。

二、仪器与设备

训练中所使用的主要设备为 CRT 显示器（见图 1-10）和 Eye-One（见图 1-11）。

图 1-10 CRT 显示器

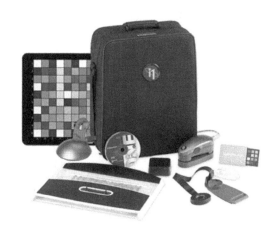

图 1-11 Eye-One

三、基本步骤与要点

（一）训练讲解

1. CRT 显示器特性文件的制作

参数选择为 D65 白点，$\gamma = 2.2$，完成特性文件的建立，将特性文件存入指定的文件夹中。记录实际建立特性文件实现的白点和 Gamma 值，以及建立关系的色差。

2. 特性文件的应用

① 在文件夹中将一幅 RGB 图像进行复制。

② 在 Photoshop 的"颜色设置"选项中选定所建立特性文件作为 RGB 的工作空间。

③ 使用 Photoshop 打开该 RGB 图像，选择"使用嵌入的配置文件"。

④ 将复制的 RGB 图像打开，选择"将文档的颜色转换到工作空间"。

⑤ 观察同一内容图像在不同颜色工作空间中的颜色变化。

（二）学生操作

① CRT 显示器特性文件的制作。

② 特性文件的应用。

> **要求：** 写出图像在不同的颜色工作空间中的色彩变化特点。

四、主要使用工具

CRT 显示器使用说明、Eye-One 使用手册。

五、时间分配（参考：30min）

① 演示制作 CRT 显示器特性文件：5min。

② CRT 显示器特性文件的制作：10min。

③ 演示对已生成特性文件的应用：5min。

④ 特性文件的应用：10min。

六、考核标准

考核项目	考核内容	考核分数（5 分制）
CRT 显示器特性文件的制作	基本完成特性文件的制作，为合格	1.5
	正确设置各参数，为优秀	2.5
特性文件的应用	完成特性文件的应用，能大致写出不同颜色工作空间下的色彩变化，为合格	1.5
	完成特性文件的应用，并明确写出不同颜色工作空间下的色彩变化，为优秀	2.5

注：每组考核成绩优秀比例≤20%，优良比例≤50%。

七、注意事项

① 应使用软布或清洁工具将显示器表面清洁干净，保证颜色测量精度不受灰尘的影响。

② 显示器需预热 20min（为避免时间不足，可事先预热）。

八、思考题

1. 显示器 D65 参数确定的含义是什么？由什么方式实现？

2. 举例说明何时应用显示器特性文件进行 RGB 到 $L^*a^*b^*$ 的转换？何时应用从 $L^*a^*b^*$ 到 RGB 的转换？

一、CRT 显示器工作原理

CRT 显示器工作原理如图 1-12 所示，其具体参数如下。

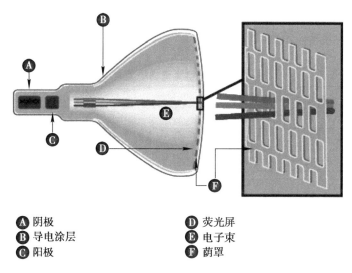

Ⓐ 阴极　　　　Ⓓ 荧光屏
Ⓑ 导电涂层　　Ⓔ 电子束
Ⓒ 阳极　　　　Ⓕ 荫罩

图 1-12　CRT 显示器工作原理示意图

1. 荫罩

荫罩是一个薄薄的金属屏幕，其间布满了很多微小的孔。有 3 个电子束将通过这些孔，并将一点聚焦于 CRT 显示器的磷光面上。

2. 光栅

基于单枪三束（Trinitron）技术的显示器最初是由索尼公司制造的。这种显示器使用光栅显像管代替了荫罩式显像管。光栅由很多微小的竖线组成。电子束穿过光栅照亮面板上的磷光剂。

3. 点距

点距是一个衡量画面清晰度的指标。它以毫米为单位，点距越小，图像就越清晰。点距的测量方式取决于所使用的技术。

在荫罩式 CRT 显示器中，点距是指两个颜色相同的磷光点之间的对角距离。有些制造商也可能提供水平点距，这是颜色相同的两个磷光点之间的水平距离。

光栅显示器的点距是指两个颜色相同的磷光点之间的水平距离。这种点距有时也称为栅距（见图1-13）。

磷光点越小，彼此间的距离越短，图片就越真实，清晰度也就越高。当这些点距离较远时，就会从屏幕上显现出来，使图像看起来更加粗糙。

点距直接对应于屏幕上的分辨率。如果把尺子放在屏幕上测量一英寸（1英寸 = 2.54厘米），将会看到一定数量的点，具体数量取决于点距。

表1-1显示了一些常见的点距，同时给出了每种点距下每平方厘米和每平方英寸内的点数。

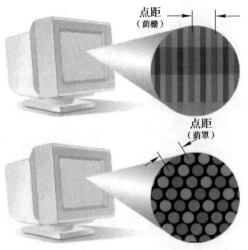

图1-13　CRT显示器工作参数示意图

表1-1　像素数切换关系

点距/mm	大约的像素数/cm^2	大约的像素数/（inch × inch）
0.25	1 600	10 000
0.26	1 444	9 025
0.27	1 369	8 556
0.28	1 225	7 656
0.31	1 024	6 400
0.51	361	2 256
1	100	625

4. 刷新频率

在基于CRT技术的显示器中，刷新频率是指显示器每秒的呈像次数。如果CRT显示器的刷新频率是72赫兹（Hz），则说明它每秒可从顶部像素到底部像素循环72次。刷新频率越高越好。如果每秒的循环太少，显示器的闪烁就会非常明显，这样很容易使人头晕并产生视觉疲劳（见图1-14）。

由于显示器的刷新频率取决于它需要扫描的行数，因而它限制了可能实现的最大分辨率。大多数显示器都支持多个刷新频率。要记住的是，需要在闪烁和分辨率之间进行权衡取舍，并寻找最适于自己的组合。这在购买较大的显示器时尤

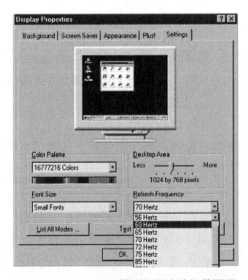

图1-14　CRT显示器刷新频率选择截屏图

为重要,因为显示器越大,闪烁就越明显。建议的刷新频率和分辨率组合包括:85Hz 下的 1280×1024 或 75Hz 下的 1600×1200。

二、色彩管理的方法与意义

颜色在各种设备、材料和过程上生成、传递,不同的设备、材料、过程对颜色的响应、传递特性各不相同,造成色彩传递的不一致。

色彩管理的基本要求:保持色彩在各种设备、材料、过程上传递的一致性。

为了达到色彩在各种设备、材料、过程上传递的一致性的目标,就需要将色彩在多种颜色空间内转换。当设备、材料、过程的种类较多时,需要在各个设备、材料、工艺过程之间建立转换关系,较为烦琐、复杂。

因此,各种设备相关的颜色空间都建立与设备无关颜色空间之间的对应关系,设备之间不再直接转换(见图 1–15)。

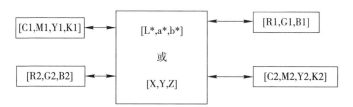

图 1–15　不同设备颜色空间转换示意图

三、CRT 显示器特性文件的作用与色彩管理的关系

显示器校准就是调整和纠正伽马值、白点、黑点和色彩平衡。特性化是对每台显示器可再现的色域范围进行描述。显示器校准与特性文件的生成有两种方法:一种是使用计算机系统自带的 Adobe Gamma 软件来生成,这种方法最大的优点在于无须借助硬件测量设备即可完成校正,但缺点是由于采用主观观察的方法来进行显示器的调节,结果受经验、眼睛对色彩的敏感程度等人为因素的影响较大。另一种方法是使用专用的硬件和配套软件来进行显示器的校准,这种方法的准确度很高,但是成本也相对较高。

Q1 **什么样的显示器需要专业仪器的校准?**

A: 广告、设计、印刷、扩印、动画等领域,要求色彩还原真实;稳定的显示器都需要专业仪器的色彩调整。低端的显示器,如优派、三星等,与高端的显示器,如 EIZO、苹果等相比除了显示的细腻程度及良好的还原能力之外就剩下稳定性了,价位高的显示器相对而言会更加稳定,实测数据显示,EIZO 显示器在校正一次之后如果工作环境没有发生较大改变则不需要经常做显示器的色彩校正,但优派等低价位的显示器即使在工作环境没有发生较大变化的时候还是要经常做显示器的校正，这正是因低端的显示器的稳定性能并不是很好。影响显示器变化的因素有很多，诸如磁场干扰、环境光源变化等，显示器随时都在发生变化，但高端的显示器会在很大程度上排除干扰因素，减缓显示器变化的速度。

Q2 显示器需要多长时间做一次校正？

A：在工作环境的光源未发生较大变化时，显示器的摆放位置未发生较大变化时，连接显示器的计算机显卡未改变时，需要一周左右做一次显示器色彩调整。只有工作环境的光源发生了很大的变化才能依靠目测看出来，细小的变化只能通过如 I1（EYE-ONE）等专业仪器来观测。理论上来说，只要整个工作环境的光源色温值没有发生正负 300K 的变化，那么这个变化就应该是可以接受的了。但有一点要注意，测量工作环境光源色温的时候要避免室外的杂光干扰才行，因为室外的色温在一天当中变化非常大。

Q3 拥有校准后的显示器是否就意味着可以完成所见即所得？

A：并非如此！要想达到屏幕上看到的和实际输出的效果一致，单校正显示器是不够的，或者说工作只完成了一部分而已，真的所见即所得其实就是色彩管理的中心理念，即实物、显示图像、输出成品（银盐；印刷）三者在色彩方面是相对一致的，这需要分别对来源设备（数码相机、扫描仪等）、显示器、输出设备（扩印机、印刷机、打印机）来做色彩的调整。

Q4 CRT 显示器是不是一定比 LCD 显示器更好？

A：不见得，CRT（Cathode Ray Tube）是阴极射线管显示器，采用的是较为广泛的一种显示技术。LCD 为英文 Liquid Crystal Display 的缩写，即液晶显示器，采用的是一种数字显示技术，可以通过液晶和彩色过滤器过滤光源，在平面面板上产生图像。与传统的阴极射线管（CRT）显示器相比，LCD 显示器占用空间小，低功耗、低辐射、无闪烁、降低视觉疲劳。不足之处是与同大小的 CRT 显示器相比，价格更加昂贵。好多人认为相比 CRT 显示器，LCD 显示器的图像质量仍不够完善，这主要体现在色彩鲜艳和饱和度上，但目前来看，EIZO 显示器的许多型号的各项指标均已达到或超过同价位的 CRT 显示器，如 EIZO 显示器的 CG 系列。

Q5 苹果显示器是否可以与 PC 显示器调整到同一个色彩标准呢？

A：可以。PC 电脑的显示 Gamma 标准是 2.2，而苹果显示器的 Gamma 标准是 1.8。实验证明，人眼可以识别的 Gamma（反差系数）是 2.2，说明将显示器的 Gamma 调整到 2.2 时能与人眼所看到的色彩反差相接近。

Q6 显示器需要遮光罩来配合使用吗？

A：一定需要！有人觉得显示器在加上遮光罩之后使用起来不是很方便，索性就不用遮光罩，这是不对的。显示器是发光体，所以外界光源对正确的显示器颜色有很大的干扰作用。比方说当外界光源的色温达到 6500K 时，而显示器只有 5500K，这时当外界光源照射到显示器上，显示器的色彩发生了变化。好的遮光罩能在很大程度上减少外界杂光对显示器的色彩干扰，制作遮光罩的材料大多是纯黑色的，有较强的抗反射功能。

Q7 同一品牌型号的 ICC 文件可以交替使用吗？

A： 不能！ICC 文件具备指向性和唯一性，不能混用。

Q8 显示器在开机多久进行校准比较合适？

A： 一般来讲显示器开机半小时后就可以对其进行校准了，因为这时的显示器各项指标均趋于稳定，适合校准工作的进行。EIZO 显示器在开机 3min 之后即可进行校准工作。

Q9 显示器 ICC 文件该如何使用呢？

A： 显示设备特性文件，通常所指显示器 ICC 文件。显示器的 ICC 文件是支持 RGB 的文件，它可以被系统调用为显示器的配置文件。显示器的 ICC 文件的使用方法很简单，在计算机的桌面点击鼠标右键进入"属性"，在"属性"中选择"设置"—"高级"—"颜色管理"就可以选择或看到显示器的 ICC 文件了。

Q10 显示器上有坏点会不会影响色彩的准确性？

A： 一般来讲不会，任何显示器在出厂的时候，坏点的数量只要不超过 3 个都属于正常范围内，但是如果显示器上有明显的线条，就会影响显示器的色彩了。

Q11 是不是输出设备色块文件中的色块越多所生成的 ICC 文件越完美？

A： 不见得。色块只要达到 918 个就足以表达任何输出设备的色域空间了。

Q12 制作的输出设备 ICC 文件应用到原始图片文件上输出的效果不好，有色斑，这是什么问题？

A： 首先要排除是不是原始图像文件本身造成，之后再确认一下输出设备的 ICC 文件是否有问题，一般来讲，对于原始文件中曝光过度的位置，如果加载了不合适的输出设备 ICC 文件则会出现色斑现象。造成 ICC 文件有缺陷的原因可能是色块文件本身的色块，不是过渡色块而是独立色块。

Q13 哪种色彩管理仪器生成的输出 ICC 比较好？

A： 色彩管理仪器本身的工作原理及构造都大同小异，唯一影响 ICC 品质的只有色彩管理的软件。目前市面上的几种色彩管理软件所生成的输出设备 ICC 文件在品质上也不尽相同，说不上哪个好哪个不好，它们都在向国际的 IT8 标准靠拢。有的色彩管理软件所生成的输出设备 ICC 会对红色反应好些，会使照片的红色更加真实艳丽；有的色彩管理软件生成的输出设备 ICC 在绿色或其他颜色上还原会更加真实，需要根据其对色彩的要求来选择或者修改 ICC 文件。

Q14 如果有两台不同品牌的输出设备，是否可以把它们的色彩调整到统一的状态？

A：做到基本一致还是可以的，如果两台设备所用的药水（或墨水）和耗材（相纸或打印纸）是一样的，那么用色彩管理就能够将两台设备的色彩做到基本一致。

Q15 输出设备的 ICC 文件要多久更新一回？

A：当输出设备的药水（或墨水）或耗材（相纸或打印纸）更改过批号时需要重新做 ICC。

Q16 输出设备 ICC 文件在 Photoshop 等软件的工作空间是什么？

A：Photoshop 的工作空间设置为 sRGB 1966 即可，不要选择北美或是日本的色彩空间，因为只有 sRGB 1966（Photoshop 5 的色彩空间）的色彩宽容度最大，也最适合中国人对色彩的感知程度。

Q17 在使用 Photoshop 调色的时候是先把输出设备的 ICC 文件加载到图像中之后调色，还是先调色后再加载输出设备的 ICC 文件？

A：先加载 ICC 文件再调色是最理想状态。但是，一些输出车间为了提高效率都把加载 ICC 的工作放在了排版环节中进行。出来的效果也还可以。经过实验证实，ICC 文件加载到 Photoshop 中的效果是最好的，也是细节损失最小的。

Q18 ICC 与 ICM 文件有什么区别吗？

A：它们之间没有区别。"*.icc" 和 "*.icm" 文件除了后缀不同外，是完全相同的。"*.icc" 是 Apple 首创的，用于苹果机。PC 机的 Windows 使用 "*.icm"。

Q19 数码相机和扫描仪需要做色彩管理吗？

A：需要。数码相机和扫描仪的色彩管理在整个色彩管理流程中所占的比重非常大，因为只有来源的东西控制好了才能谈后期的品质问题。如果文件在前期拍摄或者扫描的时候就存在色彩问题，再厉害的输出公司也未必能输出想要的色彩感觉。

Q20 数码相机的白平衡是拍张复印纸的白就行了吗？

A：不是。目前使用这种方法的人不在少数，因为静电复印纸上有荧光粉的存在，所以无法保证拍出来的就是标准白色，当白平衡没做好的时候那所有之后拍摄的片子都会有问题。相机的白灰平衡标准做法是使用 Kodak 标准的相机白板，该板一套 3 张，最大的 A4 幅面，前白后灰，用标准白板拍摄的白灰平衡过渡很自然，色彩的准确性也有保证。

$Q21$　扫描仪的 ICC 该如何制作呢？

A：使用的色卡是 Kodak 标准的 IT8 正片或反射稿。

$Q22$　需要实物与显示效果和输出效果色彩一致，该如何做？

A：如果已经有了拍摄该图像的相机 ICC，打印该图像的输出 ICC，只需要将拍摄好的图像使用 PS 软件加载相机的 ICC 文件，再加载输出设备的 ICC 文件，之后将输出的片子和实物放置在标准的观片箱内与显示器比较的效果就可以实现所见即所得。

任务二　激光照排输出

技 能 训 练

一、基本要求与目的

1. 了解激光照排输出的基本原理。
2. 掌握激光照排输出胶片的流程。
3. 掌握 RIP 的设置和线性化处理。

二、仪器与设备

训练中所使用的主要设备有：网屏对开激光照排机（见图 1-16）、冲片显影机（见图 1-17）、透射密度计（见图 1-18）。所使用的 RIP 软件为方正 RIP（PSPNT4.1），其操作界面如图 1-19 所示。

图 1-16　网屏对开激光照排机（FT-R5055）

图 1-17　冲片显影机

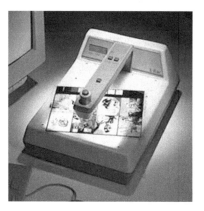

图 1-18　透射密度计

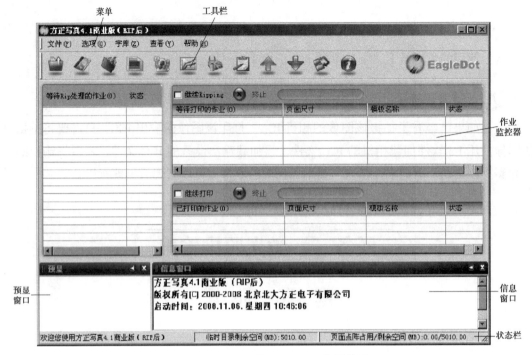

图 1-19　方正 RIP（PSPNT4.1）软件界面

三、基本步骤与要点

（一）训练讲解

（1）指导教师讲解激光照排输出胶片的基本知识与应用。

① 激光照排机的基本知识与工作原理（见知识链接）。

② 输出胶片的工艺流程。

（2）指导师傅演示激光照排机的使用。

① 根据操作要求选取合适的文件。目前，印前系统普遍使用的通用交换格式是 TIFF、PS、EPS、DCS、PDF 等格式的文件。

② RIP 的参数设置（见知识链接）。

（二）学生操作

① 选取文件练习。

② 进行 RIP 设置。

③ 输出胶片练习。

④ 质量检测。

四、主要使用工具

照排机使用手册、显影机使用说明书、照排胶片质量国家标准。

五、时间分配（参考：60min）

① 指导教师讲解：5min。

② 师傅演示：15min。

③ 选取文件、设置 RIP 练习：10min。

④ 输出胶片：5min。

⑤ 质量检测练习：15min。

⑥ 激光照排输出考核：10min。

六、考核标准

考核项目	考核内容	考核分数（5 分制）
选取文件	根据给定要求，选择合适的文件	1
RIP 设置	按规定时间和要求设定合适的参数	1
输出胶片	根据激光照排工艺输出胶片	1
质量检测	根据国家标准，检测输出胶片是否合格	2

注：每组考核成绩优秀比例≤20%，优良比例≤50%。

七、注意事项

① 临时文件做好后要做到及时删除，不要过多占用服务器资源。

② 修改参数时不要对 RIP 软件的默认设置进行任何修改。

③ 不要用手触摸输出胶片中版心部分。

④ 不要随意更改或者删除服务器内的文件。

八、思考题

1. 简述 RIP 的功能。

2. 简述激光照排的工作原理。

3. 简述胶片输出的基本步骤。

4. 简述胶片质量检测的标准。

知 识 链 接

一、激光照排机的主要性能指标

激光照排机是 20 世纪 70 年代研制出来的设备，它的作用是将计算机处理好的页面文件，经 RIP 解释后输出为 CMYK 四色分色片。早期的照排机只能输出文字，现代的照排机可以将从计算机传来的所有文字、图像数据输送到胶片上。

激光照排机的主要性能指标如下。

（1）记录精度。

中档照排机记录分辨率为 1200～2500dpi，高档照排机在 3000dpi 以上。实际使用时，分辨率并不是越高越好，用户应当根据加网线数选择合适的分辨率。

（2）重复定位精度。

一般绞盘式激光照排机重复定位精度误差 15μm 左右，外鼓式激光照排机重复定位误差小于 10μm。内鼓式激光照排机重复定位误差小于 8μm。

（3）输出幅面宽度。

输出幅面宽度表示照排机输出胶片的最大宽度，幅面越大，对照排机的精度要求也越高，价格就会成倍上升。国外的照排机用英寸（inch）来表示，如 12inch、20inch 等。

（4）输出速度。

实际应用中，照排机输出要受系统处理速度的限制，特别是受栅格图像处理器 RIP 工作速度和数据传输速度的制约。

（5）扫描方式。

照排机的扫描方式主要有转镜式、振镜式、外鼓扫描式和内鼓扫描式四种。

（6）扫描光束。

照排机在胶片上扫描曝光时，采用多束激光光束同时进行扫描。光束多，工作效率就高。目前国内最成熟的是 4 路或 8 路激光束同时进行扫描。

（7）激光光源。

照排机的激光光源，目前有氦－氖（He-Ne）气体激光器、氩离子激光器和半导体激光器。氦氖激光器发出的波长为 632.8nm，波长稳定，光束的发散角小，发光功率强，使用寿命长，照排胶片上的光点质量好。目前国内，氦－氖（He-Ne）气体激光器应用是主流，可以很好地与国产的胶片（如华光）、进口胶片（如柯达、柯尼卡）匹配，生产优质的分色片。

（8）记录光点直径。

照排中是以点阵成型的方式实现扫描，激光照排机的记录光点与照排质量有很大关系，记录光点的直径要和照排机的分辨率相匹配。通常照排机的分辨率是可调的，记录光点的大小会随分辨率而自动变化。现在普遍是由电脑控制精度自动切换，自动聚集。

二、激光照排机的种类及工作原理

激光照排机目前主要有 3 种结构类型：绞盘式、外滚筒式、内滚筒式。

（1）绞盘式照排机。

绞盘式照排机的工作原理如图 1-20 所示。

这种照排机的优点是结构和操作都很简单，价格也较便宜，可以使用连续的胶片，连续的记录长度无限制等。缺点是记录精度和套准精度略低，一般只限于 4 开或 4 开以下幅面照排机。绞盘式照排机属于中

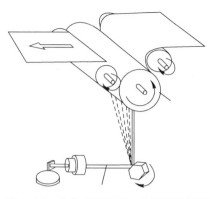

图 1-20　绞盘式照排机工作原理示意图

档产品，由于价格适中，是目前使用较多的一种照排机类型。

（2）外滚筒式照排机。

外滚筒式照排机的工作原理如图 1-21 所示。它的工作方式与传统电分机的工作方式类似。这种照排机的优点是记录精度和套准精度都较高，结构简单，工作稳定，可以将记录幅面做得很大。

外滚筒式照排机的缺点是操作不方便，自动化程度低，通常需要手工上片和卸片，手工上下片需在暗室操作。这种类型的照排机目前较少采用。

但是，外滚筒式的结构非常适合直接制版机，因为直接制版是单张版，不是连续片，版材尺寸固定，而且直接版材可以在明室操作，部分抵消了它的缺点。

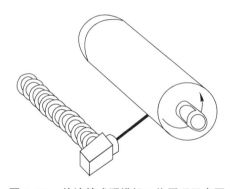

图 1-21　外滚筒式照排机工作原理示意图

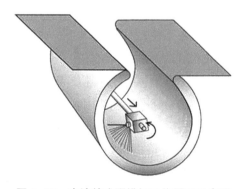

图 1-22　内滚筒式照排机工作原理示意图

（3）内滚筒式照排机。

内滚筒式照排机的工作原理如图 1-22 所示。它又称为内鼓式照排机，被认为是照排机结构中最好的一种类型，几乎所有高档照排机都采用这种结构。这种结构具有记录精度高、幅面大、自动化程度高、操作简便、速度快等特点，但价格要比前两种照排机贵。

三、激光照排工艺要求

激光照排输出是将文字、图像、图形通过计算机分解为点阵，然后控制激光在感光底

片上扫描，用曝光点的点阵组成文字和图像。

激光照排后输出的胶片是晒版的原版，一定要保证质量。通常在照排输出时要注意以下几个方面：①胶片线性；②胶片的重复定位精度；③胶片冲洗。

四、激光照排胶片的质量评价

输出后需要对输出的照排片进行检查，照排片检查作为印前最后一道工序，要真正起到补遗堵漏的作用，应对其给予足够重视。检查的内容有：

① 检查套准的准确性。一般要求四张分色胶片的重复对位精度误差不大于0.05mm。

② 对照原稿或打样稿，检查各色版压印关系。

③ 检查照排胶片是否有起脏现象。

④ 检查各色照排胶片网点角度。

⑤ 对照排胶片实地密度的检查。通过透射密度仪检查照排片密度，一般密度值在3.5以上即可，最好是在4.2左右。

⑥ 胶片外观质量检查。胶片无划伤，无马蹄印；套准标记、版别齐全；图片、文字要清晰，层次要分明。

五、RIP 的参数设置以及具体操作（以方正写真 RIP 为例）

1. 胶片线性化

在 RIP 中，是利用"灰度变换"功能来调整胶片线性的。此功能位于"选择参数 / 加网 / 灰度变换"下，具体操作步骤是：

（1）在系统默认的情况下，先输出一张24级灰梯尺胶片，并利用密度计检查100%处的密度值是否达到3.5左右，并使各灰阶不出现并级。如果达不到，则调整照排机曝光数值、冲洗机显影温度、速度等参数，直到合格为止。以经过上述调整的冲片机、激光照排机参数作为标准参数使用。

（2）然后用经过校准的密度计测量各灰阶值，将测量值和标准值比较，并将测量的结果填入选项对话框。如50%处，实际测量值为56%，则在 RIP 中的50%处填入56%的值，各灰阶均依次进行调整。

（3）调整完毕后，利用调整值再输出一张24级灰梯尺，测量后再按上述步骤所用方法在其所调整数值的基础上进行第二次调整，调整完毕后再测量、再调整。一般通过2~3次可完成，最后达到各点误差为 ±2%、而50%处的误差为 ±1% 即获成功。

（4）将"灰度变换"数值进行存储，供以后曲线丢失时调用。以后每次输出胶片时要检查曲线是否丢失。

2. 打开发排软件设置模板参数

在"打开"对话框中寻找要发排的文件，选择当前的参数模板，点"修改"，对模板中的参数进行调整，以满足文件发排的需要。

3. 修改模板参数

（1）设备设置的确定。

（2）参数的确定。① 修改加网参数。②修改校色方式。③修改 RIP 参数。④修改发排方式。⑤修改发排标记。⑥修改发排其他参数。

4. RIP 解释文件、等待发排、发排文件

参数模板修改好，点"确定"，界面就会返回到"打开"界面，点"确定"，发排软件就会进行 RIP 解释。在"作业监控器"对话框中，可以在"等待 RIP 处理的作业"一栏监控作业处理进度；当 RIP 解释页面完成后，文件名称会自动出现在"等待打印的作业"一栏；点该对话框中的"连续输出"，输出系统就会控制激光照排机进行工作。最后，输出黄、品红、青、黑四色分色片。

任务三　数字式彩色打样

技 能 训 练

一、基本要求与目的

1. 了解数字式彩色打样的基本原理。

2. 掌握数字式彩色打样的操作过程。

3. 清楚彩色数字打样的质量控制。

二、仪器与设备

训练中所使用的主要设备为 Epson 7910 数字打样机（见图 1-23）和分光光度计 SpetroEye（见图 1-24）。图 1-25 为训练中所使用的方正写真 V4.1 打样系统。

图 1-23　Epson 7910 数字打样机

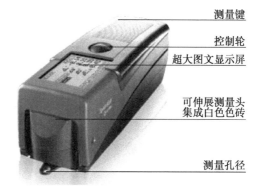

测量键
控制轮
超大图文显示屏
可伸展测量头
集成白色色砖
测量孔径

图 1-24　分光光度计 SpetroEye

菜单　　　　　　工具栏

图1-25　方正写真V4.1打样系统

三、基本步骤与要点

（一）训练讲解

（1）指导教师讲解数字式彩色打样的基本原理。

① 数字式彩色打样的分类与基本原理。

② 数字打样的工艺过程。数字打样的工艺流程如图1-26所示。

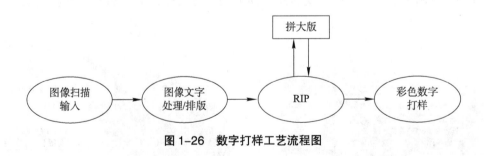

图1-26　数字打样工艺流程图

（2）指导师傅演示数字式彩色打样机的使用（详见知识链接）。

（二）学生操作

① 选取文件练习。

② 进行打样软件设置。

③ 输出样张练习。

④ 对输出的样张进行质量评价。

四、主要使用工具

Epson 7910 数字打样机使用手册、方正写真 V4.1 打样系统使用手册、分光光度计 SpetroEye 使用说明书。

五、时间分配（参考：**60min**）

① 指导教师讲解：5min。

② 指导师傅演示：15min。

③ 选取文件、设置练习：15min。

④ 输出样张：15min。

⑤ 考核：10min。

六、考核标准

考核项目	考核内容	考核分数（5 分制）
选取文件	根据给定要求，选择适合文件	1
文件设置	在规定时间内设定合适的参数	2
输出样张	根据数字彩色打样的工艺，输出样张，并进行质量评价	2

注：每组考核成绩优秀比例≤20%，优良比例≤50%。

七、注意事项

① 临时文件做好后要做到及时删除，不要过多占用服务器资源。

② 修改参数时不要对软件的默认设置进行任何修改。

③ 在打样之前，请选择适合规格的打样纸，避免漏掉应当输出的图文部分。

八、思考题

1. 打样的作用是什么？

2. 简述数字彩色打样的分类方法。

3. 简述数字式彩色打样的操作流程。

4. 简述数字式彩色打样的关键工作参数。

5. 如何评价数字式彩色打样的质量？

图1-27 屏幕上软打样

知 识 链 接

一、数字式彩色打样的分类与基本知识

（一）数字彩色打样的分类

数字彩色打样主要有两个应用领域，一个是用于排版检查/内部校正的组版样张，另一个是用于客户签字付印的合同样张。前者对彩色再现没有严格要求，但后者对彩色再现有严格的要求，要求样张必须忠实再现还原印刷的效果。从最终样张的呈色方式来看，数字彩色打样又分为软拷贝打样和硬拷贝打样两种。

1. 软拷贝打样

软打样就是在屏幕上显示印刷输出效果的打样方法，如图1-27所示。

（1）软打样的优点。

软打样是直接在屏幕上显示印刷输出效果，具有直观方便，再现灵活的优点，而且软打样没有材料的损耗。因而，软打样是图像色彩校正人员用得较多的一种打样方式。

（2）软打样的缺点。

软打样是采用加色法呈色，而且屏幕显示样张的色域、观察条件、物理外观和质感都与采用减色法呈色的最终印刷品相差甚远，很难做到"样张"与印刷品的完全一致。

（3）屏幕软打样的关键技术。

屏幕软打样的关键技术在于屏幕的精确校正和整个系统的色彩管理。

2. 硬拷贝打样

硬拷贝打样就是把彩色桌面系统制作的页面数据，不经过任何形式的模拟手段，直接经过彩色打印机输出样张，以检查印前工序的图像页面质量，为印刷工序提供参考样张，并为用户提供可以签字付印的依据，如图1-28所示。

（1）硬拷贝打样的优点。

大多数硬拷贝打样系统都能对实地密度进行设定和控制，而且还能模拟实际印刷的压印特性（模拟网点增大曲线），弥补了打样成像特性与实际印刷特性之间的差异。硬拷贝彩色打样无论在彩色再现效果，还是在材料质感方面都可以做到与最终印刷品非常接近，甚至完全"一样"。

（2）硬拷贝打样的缺点。

有些数字打样系统不能保证文档数据的完整性；

图1-28 数字打样机硬拷贝打样

具有处理网目调功能的数字打样系统需要较高的费用；专色和金属色不能准确再现，必须使用特定系统。

（二）数字式打样的样张检查

① 打印纸有无蹭脏，是否干净、平整。

② 样张上的文字、图片是否清楚、干净。

③ 文字有无跑位、乱码现象，图片是否正确再现。

④ 如有专色检查，专色是否准确再现，如专色留白，检查位置大小是否正确。

二、数字打样系统案例——方正写真

方正写真 V4.1 网点数字打样系统的主要特点与功能如下：

① 优质的色彩表现，打印颜色匹配印刷效果的准确性高。

② 优质高效的 RIP 内核，高效率，支持文件格式多。

③ 模拟印刷品的网点质量好。

④ 操作简便，极强的辅助功能等。

RIP 前打样是指数字打样管理软件先接受 RIP 前的 PS、PDF 或 TIFF 等数据，再依靠数字打样系统的 RIP 来解释这些文件，其工作流程如图 1-29 所示。其特点是处理文件的数据量相对较小，文件计算速度快，生产效率高。

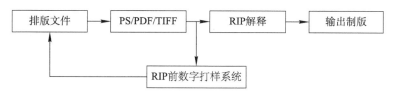

图 1-29 RIP 前打样流程图

RIP 后打样也称为网点打样或真网点打样，是指在色彩管理的前提下，通过接收各种 RIP 后数据，将这些文件直接处理打样，它是数字打样 RIP 对最终输出 RIP 后生成的 1bit TIFF 文件（即加网后的 TIFF 文件）输出与印刷品一致的数字样张的过程，其工作流程如图 1-30 所示。其特点是一次 RIP 多次输出，即采用与印刷同样的加网数据输出数字样张，保证了色彩、层次和清晰度的一致性。

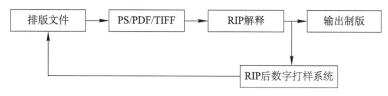

图 1-30 RIP 后打样流程图

项目三
制版

任务一　CTP 系统设置

技　能　训　练

一、基本要求与目的

1. 了解数字化工作流程的基本原理。

2. 理解数字化工作流程系统的工作流程。

3. 掌握制作页面元素（图像、图形、文字）可能产生的印前故障。

二、仪器与设备

训练中所使用的主要设备为 CTP 设备，如图 1-31 所示，图 1-32 为印通印前管理系统。而所使用的数字化工作流程为海德堡印通工作流程（见图 1-33）。

图 1-31　CTP 设备

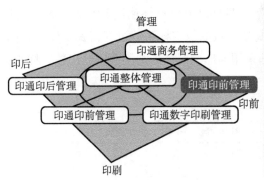

图 1-32　印通印前管理系统

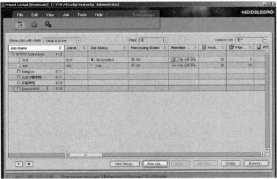

图 1-33　海德堡印通工作流程软件

三、基本步骤与要点

（一）训练讲解

（1）指导教师讲解数字化工作流程的基本知识与应用。

①数字化工作流程的系统组成、功能及特点。

②数字化工作流程的操作。

③数字化工作流程基本功能模块。

④分配页面处理。

（2）指导师傅演示数字化工作流程的使用（详见知识链接）。

①根据操作要求选取合适的文件。

②根据需要添加合适的模块并对模块内部进行设置。

（二）学生操作

①选取文件练习。

②选取数字化工作流程模块练习。

③数字化工作流程模块设置练习。

四、主要使用工具

海德堡印通工作流程软件。

五、时间分配（参考：60min）

①指导教师讲解：10min。

②指导师傅演示：15min。

③选取文件练习：5min。

④添加工作流程模块练习：10min。

⑤数字化工作流程模块设置练习：10min。

⑥考核：10min。

六、考核标准

考核项目	考核内容	考核分数（5分制）
选取文件	根据给定要求，选择适合文件	1
添加模块	在规定时间内根据要求选择模块	2
模块设置	根据印前工艺，对已选定模块进行设置	2

注：每组考核成绩优秀比例≤20%，优良比例≤50%。

七、注意事项

① 临时文件做好后要做到及时删除，不要过多占用服务器资源。

② 修改或添加模块时不要对软件的默认设置进行修改。

③ 不要随意更改或者删除服务器内的文件。

八、思考题

1. 数字化工作流程的基本功能是什么？

2. 简述印通工作流程的核心模块（至少说出 3 个），阐述流程的处理步骤。

3. 印通工作流程中核心模块的参数如何设置？至少说出 3 个参数的设置方法以及设置的理由。

一、数字化工作流程综述

数字化工作流程包含两个范围的含义。

（1）数字化工作流程可以理解为对传统的以胶片照排机为输出终端的印前系统的升级。升级的系统有自动拼大版、色彩管理、CTP 输出、数字印刷输出、数字印前系统的升级。升级的系统具有自动拼大版、色彩管理、CTP 输出、数字印刷输出、数字打样、PDF流程以及 JDF 工作传票通信与应用研究等高端特征。与传统的印前工作流程相比，这种印前数字化工作流程不仅在工作效率、产品质量、生产成本等方面有优势，更是印前、印刷技术与市场发展的必然要求。它实现了印前由半数字化、半模拟化向纯数字化的转变，改掉了许多复杂多变的中间环节和烦琐的手工作业，从而保证数据传递与复制的稳定、准确，提高了应对高质量、小批量、多品种的市场需求的能力。

（2）数字化工作流程的概念可以扩展到这样的范畴：将以印前为核心的"小"数字化流程作为中间层，以客户关系管理（CRM）、印刷企业资源管理（印企 ERP）、印刷企业制造执行系统（印企 MES）等为上层的信息控制层，以印前、印刷和印后设备控制系统与信息终端作为流程最底层。这些层次的系统组织成为一个能相互无障碍沟通的流程架构，从而实现整个印刷企业各个层次子系统真正的一体化、透明化和全程自动化。

二、典型数字化流程系统介绍

以海德堡印通（Prinect）为例，介绍它的系统组成、功能和特点。

海德堡印通是开放的动态模块化系统，不是一个整体的产品，系统可以根据需要增加组件，使工作流程更适应客户的需求。所有印通的组件都为开放模式，即中间过程生成的文件是开放的，例如，PDF（便携式文件格式）、JDF（活件定义格式）、PPF（印刷生产模式）。这样它们就能够很容易地集成到用户现有的经过验证的 JDF/JMF 硬件和软件（即使这些设备来自第三方供应商）中。目前，Prinect 系统集成了已有的及最新开发的功能强大的控制模块，其范围涵盖了整个 MIS、印前、印刷和印后环节。利用灵活可控的软硬件模块，用户可以根据需要将各个环节连接起来。

图 1-34 所示为海德堡印通系统的体系结构和组成部件。该系统分以下几个部分。

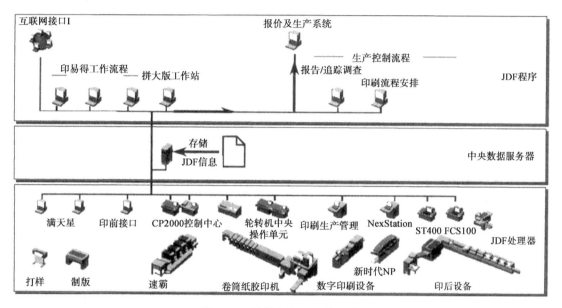

图 1-34　海德堡印通系统示意图

① MIS 系统。如图 1-35 所示，它实际是 CRM、ERP、MES 等功能的混合体，包括报价与生产系统、报告 / 跟踪、印刷流程等方面的功能。

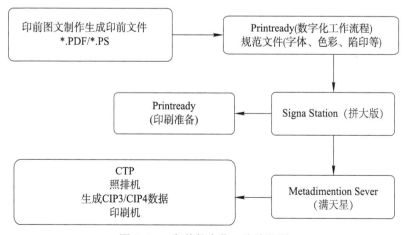

图 1-35　印前数字化工作流程图

②JDF数据引擎和文件管理系统。该系统主要用来通过基于XML技术的JDF传票的管理，达到连接和控制整个系统的所有模块的目的。

③印前数字化工作流程系统。

三、数字化工作流程基本功能模块

系统中，作业处理是通过一个或多个处理模块单独或共同完成的，利用不同的模块组合及模块的处理参数设置，可以满足不同的需要。

① 规范化。规范化处理可以将PostScript、EPS和PDF输入文件以及其他格式（如TIFF）的输入文件转换为包含内嵌字体和图像的独立PDF页面。在输入文件添加到流程作业之前或之后，随时都可以规范化该输入文件。

② 预飞检查。在文件进入工作流程前对其进行自动检查的操作过程，以保证后续生产工艺能顺利开展。

③ 陷印。也称为补漏白，主要是为了弥补印刷中因非绝对套准而导致的空白间隙或在图像分色阶跃处导致的色差。与陷印工作站相比，PDF工作流程的陷印处理模块自动化程度更高，更快捷。

④ 拼版。拼版是指对不同大小的不规则页面按用户的要求排列在一起拼成大版。主要针对输出中心、商业印刷（单张、散活）等。在有些流程中，拼大版是作为其软件本身的一个模块来处理的，它能实现普通书籍的折手、自由拼等功能。

⑤ 折手。对非单张的出版物，在印刷生产中需要将各页按对应位置以特定方式拼成大版以便印刷后经过折叠，再现出设计者意图的页序。

⑥ 加网。加网处理器将经过规范化处理后的PDF文件处理生成为1bit点阵（TIFF）文件的过程。

⑦ 打样。打样是指为了保证最终印刷品的效果而进行的效果预览。打样根据目的不同共分为3种：版面打样、折手打样及彩色打样。

⑧ 色彩转换/色彩管理。提供专色的处理方式，或保留专色或将它转换成印刷四色。由于印刷整个流程中包括多种呈色设备、材料，有时候还会面向多种印刷工艺，因此流程软件都包含色彩管理的模块。

⑨ 热文件夹。在此文件夹中发现有进入的文件时，会自动触发相关操作。处理文件的软件会定时检查文件夹，然后自动处理其中发现的文件。

四、分配页面处理

① 创建拼版方案。可以用海德堡Signa Station拼大版软件拼版（见图1-36）。根据印刷机型、大版的尺寸、成品尺寸等参数，制定版面及折手（见图1-37~图1-39）。

② 导入拼版方案和分配页面至页面位置。将大版文件设置好后，可以保存版面，将其导入到流程当中（见图1-40）。手动将待分配的页面按照页码顺序拖到相应的版面当中，要是有空白页，可以将页面指定为空白，进行"占位"。

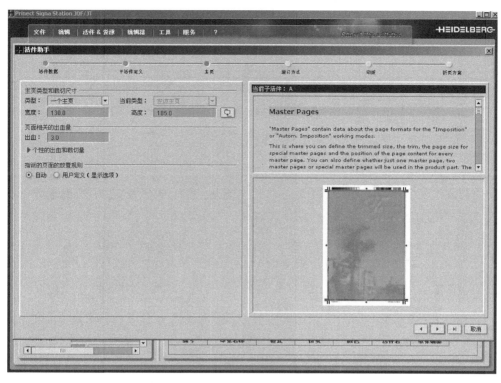

图 1-36　海德堡 Signa Station 拼大版软件主界面

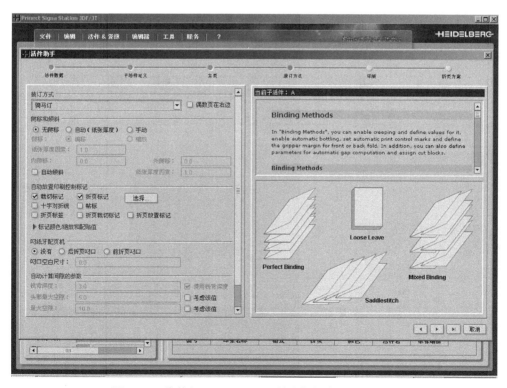

图 1-37　海德堡 Signa Station 拼大版软件折页设置界面

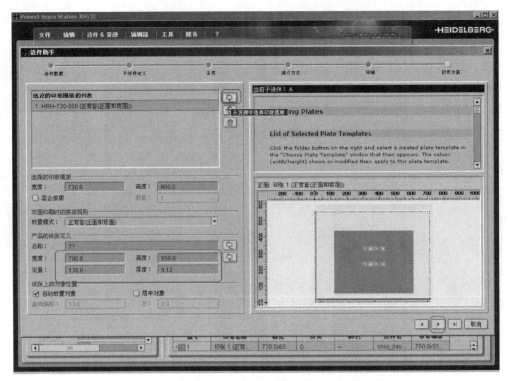

图 1-38　海德堡 Signa Station 拼大版软件版面设置界面

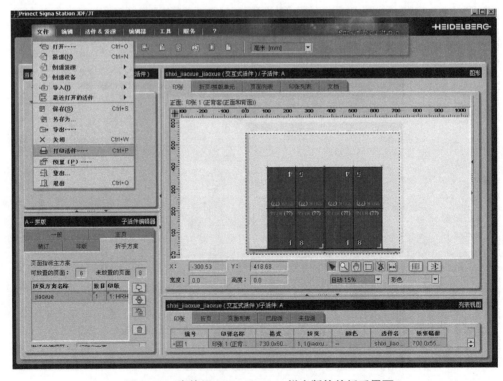

图 1-39　海德堡 Signa Station 拼大版软件折手界面

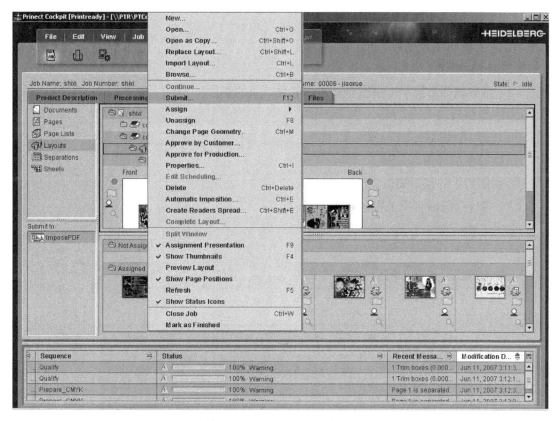

图 1-40　海德堡 Signa Station 拼大版软件作业导出界面

任务二　手工拼版

技 能 训 练

一、基本要求与目的

1. 了解拼版有关的基础知识。
2. 掌握手工拼版的操作过程。
3. 学会制作台纸版、折手等。

二、仪器与设备

训练中所使用的设备为看版台，如图 1-41 所示。

图 1-41　看版台

三、基本步骤与要点

（一）训练讲解

（1）指导教师讲解手工拼版基础知识和台纸版的制作。

① 手工拼版。

② 制版中的分版。

③ 制版中的分帖。

④ 拼版折手的基础知识。

（2）指导师傅演示手工拼版操作。

① 工艺流程如图 1-42 所示。

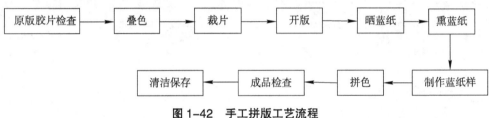

图 1-42　手工拼版工艺流程

② 印刷的折手制作。

③ 制作台纸版。

④ 手工拼版。

（二）学生操作

（1）折手的制作。

根据指导师傅的要求，练习 16 开和 32 开书刊的骑马订、无线胶订、锁线胶订的 8 开折手、4 开折手和对开折手。注意暗码的编写。

（2）台纸版的制作。

学习制作 16 开和 32 开书刊的骑马订、无线胶订、锁线胶订的 8 开折手、4 开折手和对开折手的台纸版。

（3）拼版。

① 学习单色胶片的拼版。

② 学习四色胶片的拼版。

四、主要使用工具

尺子、纸张、铅笔、橡皮、胶带、裁刀等。

五、时间分配（参考：60min）

① 指导教师讲解：10min。

②指导师傅演示：5min。

③练习制作台纸版：10min。

④折手练习：10min。

⑤手工拼版练习：15min。

⑥考核：10min。

六、考核标准

考核项目	考核内容	考核分数（5分制）
台纸版制作	根据给定要求，制作台纸版	1
折手制作	根据给定要求，制作折手	2
手工拼版制作	根据给定要求，手工拼大版	2

注：每组考核成绩优秀比例≤20%，优良比例≤50%。

七、注意事项

①拼版时要求环境干净无尘，不能弄污拼版胶片和拼版材料。

②裁片时乳剂面向上，裁切口要齐。

③相邻的胶片不得相叠。

④拼多色套版时注意套色准确。

八、思考题

1. 某图书的成品尺寸为140mm×203mm，内文152P，请计算该书芯的印张数；如果该书印后加工为无线胶订，对开纸张印刷，那么第30P应位于第几帖上？

2. 开版时折标的制作方法、折标的作用是什么？

3. 画出拼版、晒版工艺流程简图。

4. 手工拼版的技巧要点是什么？

知 识 链 接

一、拼版的基本概念

为了适应印刷要求，在制版中需要将小幅面的版面组合成大的幅面，这一过程我们称为拼版。在目前的印刷过程中，拼版分为手工拼版和计算机自动拼版（拼大版软件来完成）两类，但两者的基本原理是相同的。下面简要介绍一些与拼版有关的术语。

①版面：是指印刷成品幅面中图文和空白部分的总和。

②版心：是指印版或印刷成品幅面中规定的印刷面积。

③天头：是指版心上边沿至成品边沿的空白区域。

④ 地脚：是指版心下边沿至成品边沿的空白区域。

⑤ 订口：印品折叠后需装订的一侧，从版边到书脊的白边。

⑥ 切口：和订口相对的，印品折叠后需裁切掉多余空白的一侧，从版心外边沿至成品边沿的空白区域。

⑦ 页：书刊的每一小张为一页，每页有两个页码的版面。

⑧ 印张：书刊用纸的计量单位，指一张对开纸的正反面印刷。印张的计算公式：面数 ÷ 开数 ＝ 印张；或页数 ÷（开数 ÷ 2）＝ 印张。

⑨ 帖：将印刷好的大幅面页张按照页码顺序、版面规定及要求经过折叠后，制成所需幅面，即为一帖。

⑩ 配帖：按照一本书的总页数及顺序，将第一帖至最后一帖，以其顺序配在一起成为一本完整的书的过程称为配帖。分为叠配和套配。

⑪ 平订：装订时将各个书帖平行叠加在一起的一种装订方式（见图1-43）。

⑫ 骑马订：装订时将各个书帖嵌套在一起的一种装订方式（见图1-44）。

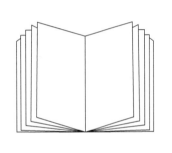 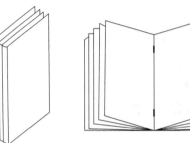

图1-43　平订　　　　　　　　　　　　　　图1-44　骑马订

⑬ 出血：对于印有图片的页面，在排版时将图片往页的四周扩张，使之较成品尺寸稍大一些，经裁切后不留白边，称为出血。

⑭ 帖标：为避免在配页时出错，胶订和线订中，在每一书帖中第一面与最后一面之间所加的矩形标记，它位于书脊处，而骑马订则是另外一种状况，帖标应位于每一帖的天头处（见图1-45）。

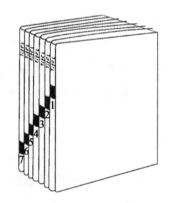

图1-45　胶订帖标

二、制版

在制版时，首先要对分色片进行分版与分帖两项工作。

（1）分版。

在制版时必须要将这些小幅面的胶片拼成大幅面的大版以满足印刷要求。另一个方面，由于还要对印刷品进行折页和装订，因此在拼版时，页码的次序不能乱。正是由于这两方面的原因，在制版时，需要考虑哪些不同的页码应该放在一起进行拼大版，然而不同的装订方式，页码的组合也不相同，因此要特别注意。在印刷上将这一过程称为分版。

（2）分帖。

在装订过程中，除非是插页或零件印刷，否则，往往需要以书帖的形式来完成装订，书帖是指在经过折页之后按一定页码次序排列的半成品。而一本书刊或期刊（特别是书刊）的页码数往往不能满足上面所说的数量关系。为了满足装订的要求，就要对所有的页码进行分帖工作。

三、印刷的折手制作

一般情况下印刷都采用垂直（侧翻）套版印刷，制作折手的步骤为：

① 取一张八开纸。

② 按照折页机的折页顺序，垂直交叉折三次。

③ 按照印装顺序，采用头对头拼版写好页码，标出折面规矩和侧规标记。

④ 将第一帖展开如图 1-46 所示。

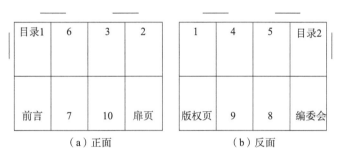

目录1	6	3	2
前言	7	10	扉页

（a）正面

1	4	5	目录2
版权页	9	8	编委会

（b）反面

图 1-46　印刷折手制作

⑤ 在实际生产中，小帖一般做成自翻身版，小帖两面应在一个版面上，若第二帖为小帖，则小帖的折样展开应如图 1-47 所示。

⑥ 其余三帖的折样制作方法与第一帖和前面一样。

四、制作台纸版

① 将纸张打孔。

② 画叼口边的第一条毛尺寸线（横），具体位置由印刷机和印刷开料尺寸决定。

③ 画垂直中线。

④ 画其余三条总毛尺寸线。

⑤ 画版心位置和页码位置。

⑥ 考虑折页规矩和印刷规矩一致、胶印阳图 PS 版需反向拼版，据折样画出侧规标记和帖标标记的位置，在帖标位置附近再画出书名的位置，如图 1-48 所示。

15	14	13	16
18	11	12	17

图 1-47　印刷折手展开

五、手工拼版

① 拼版时毫米格在下，反方向台纸在上，用双面胶贴牢，在上面再用双面胶纸贴上白片基。

② 按折手页码分布位置分放原片，注意需反字、反图像、反折手。

③ 按拼版规矩逐页拼版，粘贴牢固，注意胶带不能贴在文字和图像上，且距离图文 7mm 以上。

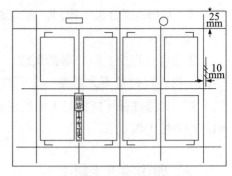

图 1-48　拼版台纸示意图

第一帖拼版页码样如图 1-49 所示，从图上可以看出它和前面折页第一帖页码顺序是相反的，这一点是初学拼版者特别要注意的地方。

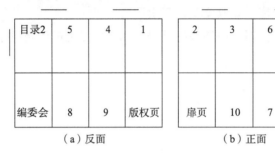

目录2	5	4	1	2	3	6	目录1
编委会	8	9	版权页	扉页	10	7	前言

（a）反面　　　　　　　　（b）正面

图 1-49　第一帖拼版页码

④ 小页拼完后还要拼上便于加工的相关标识，如角线、中线、折页线、套准线、书名、帖标、侧规标记等，如图 1-50 所示。

采用同样的方法可以拼出反面版，在拼反面版时台纸最好翻身来拼比较好，这样可以消除由于画台纸的误差而造成的正反面套准问题。

图 1-51 是第二帖拼版面页码样，从图上可以看出，整个小帖的正反面页码分布在一个版面上，印刷时，印刷纸张的正反面用一块印版进行印刷，印刷下来的成品包括两个相同的小帖，装订时，要从中间一破二来进行装订。

⑤ 其余三帖的拼版方法和第一帖相同。

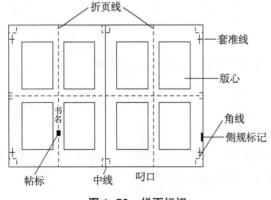

图 1-50　拼页标识

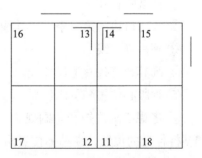

图 1-51　第二帖拼版面页码样

任务三 软件拼版

技 能 训 练

一、基本要求与目的

1. 了解计算机软件拼版有关的基础知识。

2. 了解软件拼版的基本流程与方法。

3. 掌握软件拼版的基本操作过程。

二、仪器与设备

训练中所使用的主要设备为计算机。排版软件为印能捷的 Preps，操作界面如图 1-52 所示。

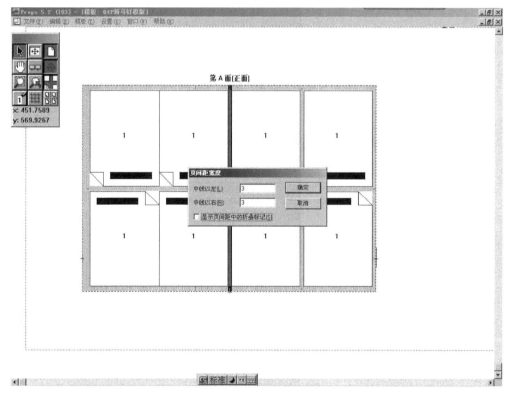

图 1-52 印能捷的 Preps

三、基本步骤与要点

（一）训练讲解

① 拼版软件的类型及操作。

② 指导师傅进行软件拼大版演示。

（二）学生操作

① 折手的制作。

② 软件拼大版练习。

四、主要使用工具

拼版软件——印能捷的 Preps。

五、时间分配（参考：60min）

① 指导教师讲解：5min。

② 指导师傅演示：10min。

③ 软件设置练习：10min。

④ 软件拼版练习：25min。

⑤ 考核：10min。

六、考核标准

考核项目	考核内容	考核分数（5分制）
软件设置	根据给定要求，对软件设置	1
折手制作	根据给定要求，用软件制作折手	1
拼大版	根据给定要求，用软件拼成大版文件	3

注：每组考核成绩优秀比例≤20%，优良比例≤50%。

七、注意事项

① 拼版之前应仔细检查原稿，看电子稿是否存在错误。

② 拼版之前需要仔细考虑印刷机型、印刷纸张大小、成品尺寸及装订方式。

③ 拼版之前需要手工做简单的折手，用来检查软件拼版是否正确。

八、思考题

1. 折手版式包括哪些？

2. 折手版式的影响因素有哪些？

3. 软件拼版常见故障有哪些？

4. 如何评价软件拼版的质量？

知 识 链 接

一、折手软件类型

折手程序作为广为人知的软件工具可分为两种类型。

① 按设备无关设计的程序，可以应用于各种出版设备和系统。

属于这类的软件有：Signa Station（Heidelberg）、Preps（Kodak Creo）等。

② 由印前系统制造商集成在自己工作流程内的程序。

二、软件拼版的优势

① 简化工艺流程，提高自动化程度，代替更多的手工操作，降低对操作人员的要求。

② 缩短制作时间和准备时间。由于计算机拼版的速度大大超过人工拼版的速度，原来需要拼一天的文件现在不用一个小时即可完成。

③ 降低原材料浪费。在减少设置和准备时间的同时，减少了调整时的材料浪费，降低了生产成本。由于手工拼版的错误率较高，常常在晒完 PS 版后发现拼版有错，而计算机拼版则很少存在这些问题。

④ 提高印品的可靠性和一致性。由于交给印刷厂的文件是已经拼完版的，可以保证在不同的时间和地区加工的印品质量保持一致，而这无形中也提高了印品质量的稳定性。

⑤ 提高印品质量，减少错误。由于计算机拼版是在出片前由计算机完成的，不存在套准和误差问题，有效地提高了印品质量。

三、软件拼版的基本操作流程

通过拼版软件，将拼大版从拼版台转移到显示器上，一方面降低了成本，另一方面又简化了工作流程。

（一）折手样张和折手版式

折手样张确定了印张上各页面的位置，而折手版式显示的是一个印刷产品内所有页面如何排布。它也标明了各个印张必须进行的折叠次数和折叠方式。折手版式展示了一个印张是如何折成所要求的最终幅面的。就此而言，折手版式是对折手样张的补充，它是多个影响因素优化的结果。如：

① 印刷产品的页数。

② 印张的幅面。

③ 纸页组成及其纤维丝缕方向。

④ 印刷机印刷的幅面。

⑤ 印后加工设备（裁切和折页机）幅面。

⑥ 最终幅面。

⑦ 装订方式（胶订、锁线订或金属丝订）。

（二）Preps 软件操作

在 Preps 中建立大版模板，是进行拼大版工作的第一步。

1. 建立模板

在对话框中需要设定模板名称，选择输出目标设备和装订样式，Preps 可供选择的装订样方式有自由订、胶订、骑马订、单联订和双联订 5 种。

2. 创建帖

（1）目标设备。

在帖印张信息中，可以选择输出的目标设备，默认情况下为"打印时选择"。

（2）印刷方式。

在 Preps 印刷方式中，提供了选项套版印刷（即印刷纸张的正反面使用不同的印版）、自翻（即左右翻，纸张叼口不变）、对翻（又称为天地翻，纸张叼口改变）、单面印刷和双面印刷机 5 种方式。

（3）印张宽度和高度。

印张信息中的宽度和高度需要计算，相当于传统手工拼版的拼大版台纸。以成品尺寸为 210mm×285mm 的 16 开胶订拼对开版为例，使用印版的印版尺寸为 1030mm×800mm。使用胶订装订，一般要求预留铣背位 2mm，如果纸张尺寸较为紧张，也可以预留 1mm 或者不预留。大版边空位可用于放置套准标记等内容。

印张宽度 = 10（大版边空位）+[2（铣背位）+210（成品宽度）+3（出血位）]×4+10（大版边空位）= 10+860+10 = 880（mm）（小于印版宽 1030mm）

印张高度 = 10（大版边空位）+[3（出血位）+285（成品高度）+3（出血位）]×2+10（大版边空位）= 10+582+10 = 602（mm）（小于印版高 830mm）

印张尺寸小于印版尺寸可以输出，印版的弯版位和拖梢位空间足够。

侧拉规位置、中心标记的长度和印张边到孔中心 3 个参数采用默认设置。

3. 创建拼版

在创建拼版对话框中，设定参数如下。

① 成品尺寸：宽度为 210mm，高度为 285mm。

② 拼版页面数量。水平为 4，表示在水平方向将安排 4 个页面；垂直为 2，表示在垂直方向将安排 2 个页面。

③ 左下角页面方向。选择上（一般使用页面在印张纵向放置的方式，选择上或者下），如果要将页面在印张中横向排列，在此处可以选择左或者右。

④ 放置其他页面。可以选择头对头、尾对尾、头对尾、尾对头等方式。

其他参数如果没有特殊要求，可以选用默认值。

4. 落页与页间距调整

先使用白纸按所需的折页方式折出一个折手，手工编上页码。对照手工编的折手页码，在 Preps 台版（印张）正面的相应位置依次单击鼠标落页，每单击一次页码将会变化一个数，编码工具会自动变成下一位置的页码，落页完成后，台版反面无须操作，Preps将自动根据正面的情况进行对应落页。

5. 标记使用

在印版和印张内，为了适应印刷的需求，还需加入一些标记如用于印刷测控的色彩控制条 ColorBar、印刷套准标记、裁切线标记等。对于需要印刷的标记，需要放入印张之内，而一些制版标记如印版色面标记、印版检测和信息标记等可以在输出软件中加入。

6. Preps 拼大版作业

在 Preps 软件中，完成了大版模板的制作后，可以将模板复制到支持 Preps 模板的流程输出软件中，由流程输出软件调用进行拼大版操作，也可以通过 Preps 中的作业方式直接进行拼大版工作。

在 Preps 中进行拼版作业时，一般按如下步骤进行。

① 在 Preps 中收集作业的源文件，然后在运行列表中按翻页顺序组织页面。

② 将运行列表页面放入版式模板，该模板包括了要求生成的输出所需帖的数量和类型。

③ 将作业保存为 Preps 作业文件。

④ 通过将作业的帖打印到针对特定设备类型和特定设备配置的文件而输出作业。

（三）Preps 拼版作业的准备

在开始拼版作业之前，需要收集作业的基本信息，这些信息将会影响拼版的具体操作与结果。

① 作业的源文件。必须确认客户提供的文件是否为 Preps 支持的有效文件类型。是否用混合文件拼版输出 PostScript，还是使用本地 PDF 拼版输出 PDF 作业。

② 基本的拼版要求。确认作业需要使用的装订方式，可以是自由订方式、胶订方式或骑马订方式等，不同的装订方式会在拼大版时有所不同。

③ 页面版式要求。在 Preps 作业中可以对整个作业设置出血页边空白、页面灌注或爬移参数，应用白边以补偿页面爬移或调整出血页边空白来调整作业中的页面图像的布局。

④ 作业信息。作业信息就是需要随作业一起存储或打印（例如作业 ID）的有关作业注释，作业注释是随作业一起提供的文本，在文本标记中打印或在内部识别作业。

⑤ 作业输出目标。在完成拼大版作业后，如何进行输出拼大版结果，在 Preps 的"打印"菜单项中提供了如下的输出方式。即打印机、PostScript（PS）文件、PDF 文件、Adobe 作业传票（以生成 PJTF）、JDF 文件、放弃和 PPF 文件。

任务四 PS 版晒版

一、基本要求与目的

1. 了解晒版的基础知识。

2. 掌握晒版的操作工艺。

3. 掌握晒版质量的控制方法。

二、仪器与设备

训练中所使用的主要设备为晒版机（见图 1-53）和 PS 版显影机（见图 1-54）。所使用的 PS 版如图 1-55 所示。

图 1-53 晒版机

图 1-54 PS 版显影机

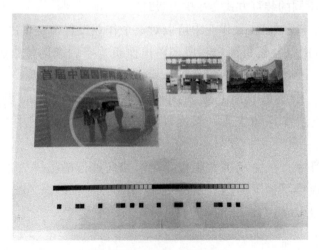

图 1-55 PS 版、四色胶片

三、基本步骤与要点

（一）训练讲解

（1）指导教师讲解平版晒版基本知识。

① 平版晒版的定义、基本过程。

② 平版晒版的特点。

（2）指导师傅演示。

① 平版晒版的工艺过程。

阳图 PS 版的晒版工艺过程一般为：

② 平版晒版质量检查和故障分析。

（二）学生操作

① 晒版信号条的使用。

② 晒版的实践操作。

③ 晒版质量的检查。

四、主要使用工具

训练中所使用的工具为 10 倍、40 倍放大镜（见图 1–56）
和晒版信号条（见图 1–57）。

图 1–56　10 倍、40 倍放大镜

图 1–57　晒版信号条

五、时间分配（参考：60min）

① 指导教师讲解：10min。

② 指导师傅演示：10min。

③ 晒版及显影练习：30min。

④ 考核：10min。

六、考核标准

考核项目	考核内容	考核分数（5 分制）
晒版测控条使用	根据给定要求，选择晒版的测控条	1
晒版实际操作	根据给定要求，晒制 PS 版	2
质量评价	对已晒制的 PS 版进行质量评价	2

注：每组考核成绩优秀比例≤20%，优良比例≤50%。

七、注意事项

① 注意胶片是否有脏迹。

② 注意显影操作环境中必须采用安全灯。

③ 注意及时检查和补充显影液。

八、思考题

1. 晒版作业要完成的任务是什么？

2. PS 版是什么类型的印版？PS 版有哪些种类？

3. 如何正确确定曝光时间？

4. 如何对已晒制的 PS 版进行质量评价？

一、平版晒版基本知识

1. 平版晒版的定义、基本过程

（1）定义。

晒版是指应用接触曝光的方法把原版上的图文信息转移到感光版上，经过一定的加工处理制成平版印刷版的工艺过程。它是照相、修版的继续，是打样、印刷的前提，起到了承前启后的桥梁作用。

平版晒版是一种光学和化学相结合的制版方式。

（2）基本过程。

晒前准备、曝光成像、建立亲油性图文基础和建立亲水性空白基础是晒版的基本过程。

① 晒前准备。阅读工艺单，检查调试设备工作状态，检查和测试版材性能，配制或准备晒版药品，检查和测试原版质量。

② 曝光成像。将原版的正面和感光版相向密合曝光，使感光版的性能（如溶解性、黏着性、亲和性及颜色等）发生变化，利用这种性能变化把原版上的图文信息成像记录在感光版上，形成可见和不可见的潜在影像。

③ 建立亲油性图文基础和建立亲水性空白基础。采用化学溶解、腐蚀或黏着等方式对版面上形成的图文部位和非图文部位进行表面性能处理，一方面是形成图文基础物质，如直接保留下图文部分的感光膜。另一方面是形成非图文基础物质，如通过显影除去版面上空白部位的感光膜露出版基原有亲水层，使空白部位具有一定的斥油亲水性和化学稳定性，使版面获得满足印刷要求的使用性能。

2. 平版晒版的特点

晒版的狭义含义就是指曝光，曝光是晒版的主要过程和基本特征。晒版曝光采用的是接触拷贝的方法，因此具有以下特点：①等大成像。②成反像。③影响因素小、速度快、网点再现性好。④属于单件作业方式，但也可使用一张原版重复晒制出多张印版。

二、平版晒版工艺过程

阳图 PS 版的晒版工艺过程一般为：

装版 → 曝光 → 显影 → 检查修正 → 烤版 → 擦胶

1. 装版

装版指按工艺要求把感光版和原版摆放到晒版机的晒腔内并进行定位固定的操作过程称为晒版装版，简称装版。在装版前要对印版进行打孔，根据机型确定印版的叼口距离，不同的机器型号其印版的叼口距离是不同的，一般对开平版印刷机印版叼口距离为 7cm 或 7.5cm；意大利 4 开平版印刷机印版叼口距离为 2.4cm。

2. 曝光

曝光是指用光照射感光涂层，以获得一种潜在或可见图像的过程。其影响因素有：

① 原版。原版上网点与文字的黑度及其边缘虚晕度、空白部位的灰雾度。

② 感光版。不同类型的感光版具有不同的感光速度与成像质量，感光版的涂层厚度是影响晒版的另一个重要参数，它不仅会影响到感光速度，更重要的是会影响到网点的再现质量。

③ 光源。曝光光源的结构、种类、发光特性和使用方法会直接影响到曝光速度和质量。

④ 曝光量。曝光量是指曝光过程中感光材料所获得的光能量值。合适的曝光量是网点忠实转移再现的基本保证。可通过信号条或测试条中的某些信号块检查印版的深浅，来确定合适的曝光量（曝光时间），它是一种既快又准确的先进方法。我国使用较多的测试条是布鲁纳尔（Brunner）测试条和美国印刷基金会（GATF）测试条。

3. 显影

显影是指利用了 PS 版曝光引起的溶解性变化这一特性，通过显影加工，除去空白部分的感光层，露出亲水性的金属氧化层。

4. 检查、修正

将 PS 版曝光、显影后存在的缺陷或操作不当等原因造成的质量问题加以修正。

（1）检查内容和方法。

显影后对印版进行检查是晒版过程中的一次主要的质量检查，首先是检查版面图文是否完整，有无缺笔、少画、断线现象；其次看空白部位是否完全显透，再检查版面有无脏点、污斑及多余的线画、影印，装版是否正确等。

此检查主要是直观目测的检查方法，并在检查过程中随即对一些细小的弊病或脏污等缺陷进行修整弥补。而对有晒错图文方向、套晒位置或叼口尺寸不符等严重故障现象的印版，必须重晒。

（2）除脏。

除脏是指为保证版面的整洁性和空白部位的亲水性，对版面上出现的脏点、影印、多余的规线、图文等进行去除的一种修整方法。阳图型 PS 版除脏方法有溶剂法、光化学法和工具法三种，其中溶剂法和工具法属事后对弊病采取的补救方法，而光化学法是在显影之前采取的一种预修除脏法。

（3）修补。

修补是对图文部位出现的不完整、漏缺如残笔断线少点等弊病进行添加补全的一种修正方法。先把修补部位洗净并用热风吹干，然后描上修补液。修补液是一种具有一定黏性和吸附性的亲油性物质。可按配方配制或者直接使用浓度较大的感光液，采用专用笔进行修补。

5. 烤版

烤版的主要目的是增强图文基础的稳定性、耐蚀性和机械强度，提高印版的耐印力，减少晒版和印刷换版的次数。一般情况下，阳图型 PS 版经过曝光、显影、修正等加工即可上机印刷。但由于图文基础是未经曝光的感光层构成的，稳定性和耐蚀性差，耐印力只有 5 万～10 万印。因此当遇到大印数的产品时，都需要进行烤版处理。

6. 擦胶

擦胶是指选用一种具有吸水可逆性和良好吸附性的护版胶，涂擦到版面上，在印版表面形成一层保护膜，防止空白部分被空气氧化，避免灰尘和油脏等污染版面，同时又可增强空白部分的亲水性。

7. 护版胶

护版胶是选用特定物质配置成的一种具有较强亲水可逆性的胶逆性物质。常用的护版胶是阿拉伯树胶，它具有很好的亲水性、吸附性，印刷时用水一擦便可很容易地被水清洗干净。

三、平版晒版质量检查和故障分析

（一）平版晒版质量指标

平版晒版的质量是指晒版作业及印版适性的优劣程度，是对其综合效果的描述。晒版作业质量主要是指晒版过程中各因素的匹配与受控程度。表现为晒版的稳定性、再现性和再加工性。印版适性是指印版满足使用要求所必须具备的性能，包括印版上网点的还原性和网点质量、印版的稳定性和耐印力以及印版外观的特性等。

阳图型 PS 版的晒版质量标准：网点再现性好，2% 的尖点不丢，97% 的网点不糊，中间调部位网点缩小不超过 3%，多版重复再现误差不超过 3%。印版上网点饱满无砂眼，网点边缘光洁。未经烤版处理的耐印力应达到 8 万印以上。外观平整，无折痕、无划伤现象，版面干净。图文位置正确，套印性能好。

（二）印版的质量检查

印版质量检查的内容主要包括以下几个方面。

（1）印版外观质量的检查。

一般多采用目测法检查。对印版外观质量的基本要求是：版面平整、干净，擦胶均匀，无破边、无折痕、无划痕、无脏物和墨点等。

（2）版式规格的检查。

版式规格的质量标准是：印版尺寸准确，误差小于 0.3mm，套色版之间的尺寸误差小于 0.1mm，图文端正无歪斜现象。如果印版尺寸误差过大或图文歪斜会造成印版上机后套印困难和发生印品报废等事故。

（3）图文内容的检查。

对印版图文内容的检查基本质量要求是：文字正确、无残损字、无瞎字、无多字、无缺字等现象；图片与文字内容对应一致，方向正确；多色版套晒时，色版齐全，无缺色或重复现象；应有的规矩线齐全完整，无残缺现象。

（4）网点质量的检测。

满足印刷要求的印版网点质量应达到：网点饱满、完整、光洁、无残损、无划痕、无空心、毛刺少，虚边窄。

（5）图文深浅检查。

借助放大镜、控制条，依据晒版原版和晒版质量标准检查印版高光、中间调、暗调区域的网点再现性。如果出现网点缩小，高光小网点丢失等现象，说明图文颜色晒浅，如果出现网点增大，暗调小，白点糊死现象，说明图文颜色晒深。一般情况下，高光的 2％，暗调的 99％ 网点应完全再现。

（三）常见故障分析

晒版中常见的故障产生的原因和排除方法。

（1）印版网点缩小。

网点缩小是指晒到印版上的网点覆盖率小于原版上的网点覆盖率，且超出了标准允许值范围。

（2）感光版显影困难。

感光版显影困难是指在显影过程中感光版版面上应该被去除的感光层不易或不能去除的现象。

（3）印版图文基础不结实、亲墨性差。

指印版图文基础的稳定性差，印刷时耐蚀、耐磨性能差，耐印力低，上墨速度慢和存在上墨不匀现象。

（4）印版版面有脏。

印版版面有脏是指版面上黏附有其他物质或空白部位残留没有去除的感光层。

（5）晒版密附程度差。

晒版密附程度是指原版和感光版之间的接触状态，紧密接触是晒版时网点受控转移的先决条件。造成接触不良的主要原因有以下 3 点。

① 晒版机缺陷。如真空泵的抽气功率小；橡皮密封圈和橡皮导管密封不严；橡皮垫变形、老化等。

② 晒版材料缺陷。感光版不平整，如有马蹄印等折痕；原版厚度不匀，如多张小片

子拼版；胶片有毛边且厚度不同，胶带过多过厚等。

③ 环境条件缺陷。晒版车间卫生条件较差时，灰尘多，容易造成灰尘落在原版与感光版上；空气的相对湿度较小，在装版时产生了较强的静电现象。

任务五　CTP 制版

技 能 训 练

一、基本要求与目的

1. 了解 CTP 的基础知识。

2. 掌握 CTP 输出印版的操作过程。

3. 掌握 CTP 制版的质量控制方法。

二、仪器与设备

训练中所使用的主要设备为海德堡 Prosetter 光敏 CTP 设备（见图 1–58）和东上显影机（见图 1–59）。图 1–60 为 CTP 系统操作界面。

图 1–58　海德堡 Prosetter 光敏 CTP 设备

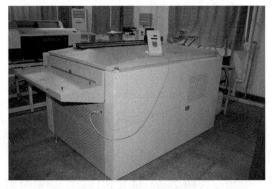

图 1–59　东上显影机

三、基本步骤与要点

（一）训练讲解

（1）指导教师讲解。

CTP 系统是一种综合性、多学科的产品，它是集光学技术、电子技术、彩色数字图像技术、计算机软硬件、精密仪器及版材技术、自动化技术、网络技术等新技术于一体的高科技产品，广泛地应用在印刷复制的过程中。

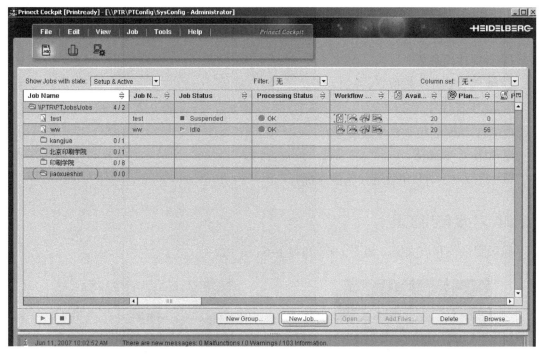

图 1-60　CTP 系统界面

①CTP 基本概念。

②CTP 系统基本原理。

③CTP 设备分类。

（2）指导师傅演示。

①CTP 工艺流程。

以海德堡系统为例，CTP 的工艺流程如图 1-61 所示。

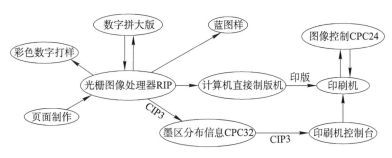

图 1-61　海德堡 CTP 工艺流程

②采用的设备。

a. 海德堡光敏 CTP 直接制版系统，包括海德堡 Prosetter、拼大版软件 Signa Station、东上显影机。

b. 数字打样机 EPSON7880C。

c. 富士光敏版。

d. 四色印刷机，如海德堡 SM52 胶印机。

③ CTP 系统的要求。

④ 各项性能参数。

⑤ 输出印版的质量检查。

（二）学生操作

① CTP 系统制版主要参数设置。

② 制作 CTP 印版。

③ 对已制成 CTP 印版进行质量评价。

四、主要使用工具

印版测量仪和放大镜，如图 1-62 和图 1-63 所示。

图 1-62　印版测量仪

图 1-63　放大镜

五、时间分配（参考：60min）

① 指导教师讲解：10min。

② 指导师傅演示：15min。

③ 设置与制版练习：15min。

④ 检查印版练习：10min。

⑤ 考核：10min。

六、考核标准

考核项目	考核内容	考核分数（5 分制）
制作 CTP	根据给定要求，进行 CTP 制版	3
检查印版	对制好的印版，用工具进行检查	2

注：每组考核成绩优秀比例≤20%，优良比例≤50%。

七、注意事项

① 制版之前应仔细检查电子稿，查看文件是否存在错误。

② 制版过程中应注意，光敏制版应在暗室条件下还是在安全灯下操作，防止印版曝光。

③ 制版过程中应保持双手清洁，不得污损印版。

八、思考题

1. 简述 CTP 直接制版的工作流程特点和优势。

2. 简述 CTP 直接制版的工艺控制要素。

3. 简述 CTP 制版的印版质量检测的主要内容和基本方法。

4. 简述 CTP 直接制版的常见故障与解决方法。

一、CTP 概念

简单地讲，CTP 是从计算机到印版、印刷机、样张和纸张或印刷品的英文缩写，其中也包括了计算机直接制版（Computer to Plate）、在机直接制版（Computer to Press）、直接打样（Computer to Proof）和数字印刷（Computer to Paper/Print）。

CTPlate、CTPress 技术的特点是将计算机系统中的数字页面直接转成为印版，然后再通过传统的压力过程将印版上的图文信息转移到承印物上形成最终产品（印刷品），在这个过程中印版成为连接数字页面和印刷品的中间媒介。CTProof、CTPaper/Print 技术的特点是将计算机系统中的数字页面直接转换成彩色硬拷贝（样张、印刷品），不再使用像印版那样任何中间媒介。

二、CTP 的主要特点

CTP 是一种数字化印版成像过程，直接将文字、图像转变为数字，最后生成印版，省去了胶片材料、人工拼版的过程、半自动或全自动晒版工序。CTP 制版工艺有以下几个特点。

1. 生产周期短

CTP 系统取消了胶片及其相关工艺器材，大大缩短了印刷制版时间，提高了时效拼版。与传统制版相比，CTP 制版速度可以提高 3 倍以上。在 CTP 系统中，曝光和成像时间是影响生产率的核心因素。成像时间随分辨率的增加而增加，在 1200dpi 的分辨率下，70cm×100cm 印版的最短成像时间大约是 2min。

在商业印刷中，印版的输出是根据工作需要来定的。输出速度通常是 10 张/时，有些 CTP 系统可达到 20~30 张/时。报纸 CTP 系统可以达到 100 张/时以上的生产率。

2. 产品质量高

计算机直接制版记录网点质量高，网点变化小，能够较好地记录调频网点；高光和暗调网点再现性好，阶调层次范围大，能形成 175～300lpi、256 阶调的网；不存在灰尘、胶片边缘的晒版问题；四色印版套印精度良好，充分满足印刷要求，并能防止因网点形状、角度引起的龟纹现象产生；CTP 系统具有良好的操作性，能自动输送、自动曝光、自动显影，保证印版制作准确无误进行，而且计算机直接制版几乎没有印版曝光误操作的可能性。

3. 印刷机的效率得到充分发挥

CTP 印版上墨很快，很容易达到水墨平衡，印刷准备时间大大减少，节省了过版纸、油墨，减少了浪费，印刷机使用效率大大提高。特别是配合应用数字化油墨预设技术的印刷机，能根据印版自身情况来缩短准确套印及预设油墨时间，节约了印刷调机的时间。CTP 系统已经实现了从印前到印刷控制系统的数据交换及其格式的统一。

4. 节省消耗材料及劳动力

CTP 复制技术省去了胶片输出和传统 PS 版的晒制过程，工艺简化；省去了胶片及其显影加工的成本，降低了试印纸、油墨、润版液的用量，提高了印刷机、印后加工设备的利用率，节省了印前和印刷准备时间，人员成本降低。

三、CTP 技术的分类

1. CTP 设备的分类

从技术上讲，CTP 技术是激光照排技术的延续。由于成像材料不同，CTP 设备与激光照排机所采用的技术略有差别。与激光照排机的结构相似，计算机直接制版机也采用了内鼓式结构、外鼓式结构和平台式结构 3 种主要的结构。

2. 激光技术的分类

CTP 设备使用激光设备与印版有关。除了使用人眼可见的光谱波长在 400～700nm 范围内的不同激光之外，还使用了紫外光和红外光。特别是 400～450nm 的紫激光，在光敏 CTP 机上得到了广泛的应用。

（1）热敏技术。

热敏版的最大好处是图像质量有保证，因为这种版材属于二进制型的版材，它只有两种状态：已成像状态和未成像状态。与银盐和光聚合型的 CTP 印版不同，这种版材不会因曝光不足而不产生图像。这样，对曝光准确度的要求远不如光敏型版材，其曝光控制也非常精确，冲洗设备非常成熟。

（2）紫激光技术。

紫激光的优势在于其波长更短。波长在 400nm 的紫激光可以显著地减小激光点的尺寸，提高解像力，以确保更高的网点质量。另外，由于紫激光的散射小，使得制版机的生产厂商可以使用较小转镜马达，因此也就可以提高马达的转速，减少曝光时间。

四、CTP 系统

1. 基本原理

CTP 直接制版机由精确而复杂的光学系统、电路系统及机械系统三大部分构成。由激光器产生的单束原始激光，经多路光学纤维或复杂的高速旋转光学裂束系统分裂成多束（通常是 200～500 束），极细的激光束每束光分别经声光调制器按计算机中图像信息的亮暗等特征，对激光束的亮暗变化加以调制后，变成受控光束。再经聚集后，几百束微激光直接射到印版表面进行刻版工作，通过扫描刻版工作，在印版上形成图像的潜影。经显影后，计算机屏幕上的图像信息就还原在印版上供胶印机直接印刷。

扫描精度取决系统的机械及电子控制部分，而激光微束的数目决定了扫描时间的长短。微光束数目越多，则刻蚀一个印版的时间就越短。目前，光束的直径已发展到 4.6μm，相当于可刻蚀出 600lpi 的印刷精度。光束数目可达 500 根。刻蚀一个对开印版的时间可在 3min 内完成。

2. 主要工艺过程

① 图文的输入。将所需要的图像、文字输入到计算机系统。

② 图文处理、拼小页面。按照制版的要求，将图像文字调整好，并拼在小页面中。

③ 组大版。按照印刷幅面的大小和装订的要求，将小页面拼成供印刷用的幅面。

④ 数码打样。为校正提供参考样张。

⑤ CTP 处理。将数字页面的图文信息转移到印版上。

3. 系统要求

在使用 CTP 系统时，首先要注意与前端系统的接口技术，即彩色印前处理系统之间的数据交换技术，后端设备的数据交换技术，以及后端设备的数据及技术的完善化。对大容量的文件来说，数据交换速度与数据传输速度至关重要。其次，要求企业建立一整套新的电子文件管理系统，完善数据保存及检索技术。然后，对彩色管理技术和 RIP 技术的要求也很重要。大容量的文件要求 RIP 有很强大的处理能力，才可以达到高效的工作效率。对于打样和输出的一致性问题，就需要色彩管理技术的参与。

4. 各项性能参数

① 系统所支持的制作软件：Adobe Photoshop、Adobe PageMaker、Adobe Illustrator、CorelDRAW、Freehand、QuarkXPress 等，在 MAC/PC 工作站都可工作。

② 字体：大多数 PS 字体及所有 True type 字体、全套英文字体、100 款汉仪字体等。

③ CTP 输出：最大尺寸是 749mm×1030mm；分辨率有 2400dpi、1600dpi、1200dpi 等多种类型；曝光速度是 4min（2400dpi）。

④ 网点类型：有调频网（21μm）、圆方网、圆网、方网、椭圆网等多种类型。其中方形激光点技术别具特色，网点边缘非常锐利，可以精确复制 1%～99% 的网点，同时调频网输出非常容易；而且印刷密度极高（C 为 1.9、M 为 2.0、Y 为 1.5、K 为 2.75），使层次再现能获得完美展现。

⑤ 光敏印版。

⑥ 内鼓式设备。

五、CTP 输出印版的质量检查

一般检查方法普遍使用于输出中心和设计公司，主要设备就是看版台和密度计。密度计是测试印版的关键设备，它的基本功能是可以读出网目调的阶调百分比，从而判断制版机生成的网目调网点的大小是否正确。

① 测试梯尺。对附在印版上的网点梯尺进行测试，从而判断印版的各个阶调是否正确。从中主要检查冲版过程及其参数，如显影速度、温度和时间以及显影液浓度是否正确，也可能包括制版机本身的问题，如线性化的好坏。

② 观察印版的质量。包括曝光是否均匀，检查印版是否有划伤。

③ 检查 PostScript 错误。用来检查 PostScript 解释器对文件的解释是否有漏掉内容，主要观察每一张印版上的内容是否存在没有输出的情况。对于分色片，除单张观察之外，还要将四张分色片一起观察图像的调子和浓度是否正常、套准是否正确等。

印 刷 综 合 实 训 教 程

模 块 二
印刷技能实习

印刷前检查

任务一 印版检查与更换

技能训练

一、基本要求与目的

1. 了解 PS 版或 CTP 印版基本知识。
2. 清楚印版质量检查的基本内容与要求。
3. 掌握印版打孔机的使用。
4. 掌握印版卸版、上版的操作。

二、仪器与设备

训练中所使用的主要设备为海德堡 SM52 四色胶印机，如图 2-1 所示。

图 2-1 海德堡 SM52 四色胶印机

三、基本步骤与要点

（一）训练讲解

（1）指导教师讲解。

① PS 版或 CTP 印版基本知识。

② 印版检查的基本内容与要求。

③ 印版更换操作时的安全事项。

（2）指导师傅演示。

① 印版的打孔。

② 印版拖梢部分的弯边。

③ 上版前印版表面的洁版处理。

④ 拆卸印版。

⑤ 装新印版。

（二）学生操作

① 印版表面质量检查练习。

② 打孔器、弯版器的使用练习。

③ 印版表面的洁版处理练习。

④ 卸版、装版练习。

四、主要使用工具

印版打孔器（见图2-2）、印版弯版器（见图2-3）、放大镜、海绵等。

图 2-2　海德堡 SM52 印版打孔器

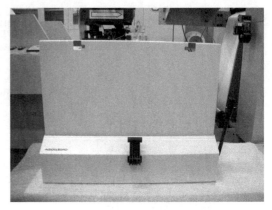

图 2-3　海德堡 SM52 印版弯版器

五、时间分配（参考：80min）

① 指导教师讲解：10min。

② 指导师傅演示：10min。

③ 印版表面质量检查与打孔、弯边练习：10min。

④ 印版表面洁版与卸下旧印版练习：10min。

⑤ 上版练习：10min。

⑥ 熟练卸版、上版的综合练习：20min。

⑦ 考核：10min。

六、考核标准

考核项目	考核内容	考核分数（5分制）
印版质量检查	检查内容完整、表述正确	1
印版的打孔、弯边	打孔位置正确，弯边平整	0.5
洁版处理	涂布均匀，印版表面无划伤	0.5
卸版	操作熟练，点车方向正确	1.5
装版	操作熟练，色版安装顺序正确，安装位置准确	1.5

注：每组考核成绩优秀比例≤20%，优良比例≤50%。

七、注意事项

① 印版边缘锋利，小心双手划伤。

② 拿版时，尽量使手印不出现在图文面积内。

③ 正确使用安全按钮及反点、正点按钮。

④ 遵守其他安全操作规程。

八、思考题

1. 上机前对印版质量的检查包括哪些方面？

2. 为什么晒制好的阳图型 PS 版要避免阳光强射？

3. 印版洁版膏的作用是什么？

4. 怎样识别印版的色别？

5. 给印版擦保护胶的目的是什么？

6. 印版为什么对水、油墨能有选择性吸收？

7. 在点车或开车之前为什么要响铃？

8. 印版衬垫的作用是什么？

9. 印版的叼口尺寸和纸张的叼口尺寸是同一个概念吗？为什么？

（知）（识）（链）（接）

一、印版质量检查的主要内容

① 印版外观质量检查。检查表面是否平整、干净无脏点、无破损、无折痕、无划痕，多色套印时色版数量齐全、图文尺寸正确等。

② 图文内容的检查。文字是否正确、无污损字、无掉字，图像与文字内容是否对应一致，方向正确，图文部分不发虚，规矩线、角线位置是否准确等。

③ 网点质量检查。网点是否饱满、完整、光洁无空心、无毛刺等。

注意：PS 版质量检查可以借助放大镜等工具进行。

二、海德堡 SM52 胶印机印版的打孔方法

图 2-4 所示为海德堡胶印机打孔器。其印版的打孔步骤如下。

① 将打孔器侧面挡销 2 尽量向外放置。

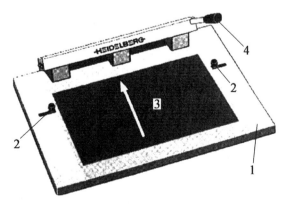

图 2-4　海德堡 SM52 胶印机打孔器

1- 打孔器；2- 挡销；3- 印版；4- 手柄

② 将检查好的印版 3 正面朝上、叼口朝前沿箭头方向插入打孔器 1，直到其止动位置。

③ 将挡销 2 顶住印版，印版的两侧要对正中心位置，把印版固定好。

④ 将手柄 4 向下拉至止动位置，再松开，并取出印版。

三、海德堡 SM52 胶印机印版拖梢部分的弯边方法

图 2-5 所示为海德堡胶印机印版弯版器。其印版拖梢部分的弯边步骤如下。

① 将打好孔的印版 2 正面朝前插入弯版装置的定位销钉 1 内。

② 将操作手柄 3 往下压至止动位置，以便将印版固定好。

③ 将操作手柄 4 向下压至其止动位置，完成弯边操作。

④ 把操作手柄 3 抬起来恢复其原来位置，并取出印版。

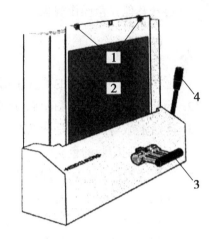

图 2-5　海德堡 SM52 胶印机印版弯版器
1- 定位销钉；2- 印版；3、4- 操作手柄

四、上版前印版表面的洁版处理方法

① 将打孔弯边后的印版平放在洁版台上，准备好水、海绵。

② 将适量的洁版膏挤出到印版表面中间区域内。

③ 浸水海绵挤出水分后拿出，以印版表面中间有洁版膏的地方为中心，将洁版膏向印版四周划开，保证印版表面都能沾上洁版膏。

④ 将印版版基面朝外，按照色序放在印刷机的各个机组边上。

五、海德堡 SM52 胶印机的拆卸印版操作方法

图 2-6 所示为海德堡 SM52 各机组控制面板。在上印版之前必须先拆卸掉印刷机上原有的印版。

① 双击点开"安全按钮" 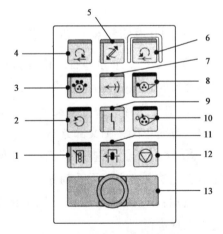 ，掀开机组尾部的安全罩。

② 按动"定位"按钮 ，印刷机低速旋转到印版滚筒的后夹板露出来。

图 2-6　海德堡 SM52 胶印机中
各机组控制面板

1- 拆卸 / 安装印版功能键；2- 印版滚筒定位；3- 靠版墨辊离 / 合；4- 正点车；5- 安全操作按钮；6- 反点车；7- 低速运转；8- 传墨辊离 / 合；9- 机组故障；10- 转动墨斗辊；11- 自动生产；12- 无制动停车；13- 紧急停车

③ 按动"拆卸 / 安装印版"按钮 ，后夹板自动松开。

④ 按动"定位"按钮，印刷机低速旋转到印版滚筒的前夹板露出来，再按动"拆卸 / 安装印版"按钮，前夹板松开，用手将版轻轻拉出。

六、海德堡 SM52 胶印机安装新印版的操作方法

图 2-7 所示为海德堡 SM52 胶印机印版安装示意图。具体操作如下。

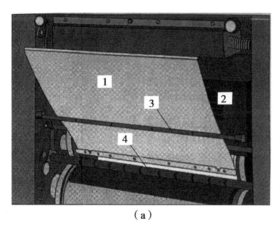
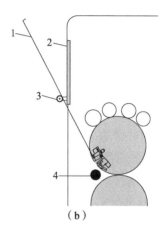

（a） （b）

图 2-7 海德堡 SM52 胶印机印版安装

1- 印版；2- 护罩；3- 导版轴；4- 装版推杆

① 将印版 1 从匀墨装置的护罩 2 和导版轴 3 之间插入印版滚筒的前夹板内。

② 将印版叼口上打孔部位分别对准印版滚筒前夹板的定位装置插下去，一定要插到底，不能留有缝隙。

③ 按动"拆卸 / 安装印版"按钮，前夹板将印版叼口部分夹紧；再按动"定位"按钮，另一手轻轻托住印版拖梢部位，随着滚筒转动到拖梢部位时，印版拖梢由装版推杆 4 自动插装到位，并夹紧印版。

④ 合上安全罩，点掉"安全按钮"。

七、印版上的规线和色标

印版上的规线一般有十字线、角线、中线、刀线等。印刷时根据加工的需要有选择地晒制在印版上。十字线是各色套印时的依据，有的印版采用阴阳十字线，有利于套印准确而且更加直观。角线是一般位于四角由两条横线和两条竖线交叉而成的规线，是图文在纸张上定位时的测量依据。中线对于无定位孔的印版是晒版和装版的依据，十分必要。刀线是下道工序折页或裁切的依据。

色标是用来鉴别印版油墨颜色与付印样是否一致的实地块，也可以作为漏色、颠倒等质量检查的依据。

八、印版故障分析

（一）印版图文发虚

1. 由脏污引起的虚版

原因：①晒版机玻璃、晒版胶片、拼版片基、印版版面附着有异物或污物；②晒版胶片与拼版片基之间、印版与胶片之间夹杂有异物（如头发丝等）；③晒版时间过长，晒版玻璃、晒版胶片产生静电，在晒版过程中吸附灰尘等；④PS 版材表面有药点、白点等瑕疵。

解决：及时清理晒版机玻璃、晒版胶片、拼版片基、印版版面附着的杂物、异物，及时擦拭晒版玻璃、晒版胶片，去除静电，检查车间温湿度控制，晒版前擦拭印版。

2. 由晒版胶片引起的虚版

原因：①晒版胶片密度不够（应在 3.5 以上）；②拼版片基灰雾度过高；③胶片原版拼贴不当，图外留边太窄（应离开 3cm 以上），拼版太挤（0.5～1mm），造成拱撞等；④拼版胶片的透明胶带距离图像太近（应离开 7mm 以上）或粘贴过厚；⑤晒版时将胶片放反。

解决：晒版前仔细检查胶片质量，拼版工作严谨、规范。

3. 真空抽气不足引起的虚版

原因：①真空泵性能差；②晒版机的密封胶圈、气管漏气；③密封胶圈老化变形；④晒版机橡皮气垫没垫平或老化；⑤真空抽气指示表有问题，指针到头而实际未抽实；⑥胶片或 PS 版有折痕等；⑦当发现牛顿环、较大空气滞留区、灰尘杂物时，未及时进行二次抽气。

解决：事先检查真空泵性能，其次检查晒版机、胶片或 PS 版，认真清理灰尘杂物，及时进行二次抽气。

4. 曝光、显影过度引起的虚版

原因：①曝光时间过长；②曝光前（冲孔时）或曝光后至显影前跑光；③显影液温度过高、浓度过大；④显影时间过长；⑤显影液补充量过多。

解决：根据虚版问题表现，分析原因所在，严格曝光、显影工艺参数，及时进行调整。

（二）版面上脏

1. 版材因素造成的上脏

① 原因：PS 版版基砂目过浅，贮水量少而引起的非图文部分上脏。

解决：用此类印版印刷时应增大版面水分或在润版液中加入适量表面活性剂，增强印版非图文部分的亲水性能。

② 原因：PS 版版基氧化膜薄脆而疏松，不能承受印刷中的摩擦而被磨掉，砂目裸露并被磨平，亲水性能降低。

解决：重新更换印版。

③ 原因：PS 版封孔不充分，版面残留未封微孔，版面吸附能力大，易吸附灰尘等杂质；或封孔液中含有钙离子或其他杂质离子，产生硅酸钙等不溶性盐，污染版面。

解决：用以硅酸钙为主剂的显影液显影，在显影的同时对印版进行二次封孔。

④ 原因：PS版感光胶层过厚，正常曝光时不能彻底分解，感光胶残留在砂目内壁，使非图文部分亲油性增强起脏。

解决：延长曝光时间，使胶层彻底分解。

2．PS版灰雾造成的上脏

原因：PS版保存不当或晒版室内照明不当，使PS版产生灰雾，造成印版非图文部分具有亲水性而上脏。

解决：避光妥善保存PS版，晒版时应在安全灯下作业。

3．晒版上脏

① 原因：曝光操作不当引起的上脏。主要是晒版大玻璃或胶片上粘有污物阻碍了光线透过，或原版胶片上有胶带和边框形成的印迹。

解决：前者操作前应对该部分详细检查，进行修整或用清洗剂去脏；后者，面积较小时可用除脏剂去除，面积大时可用散色膜进行二次曝光法处理。

② 原因：曝光不足引起的上脏。不同性能PS版感光性能不一样，所以曝光时间不同。感光胶层的曝光效率是随着光的照射光化反应由表及里逐渐递减，当光源功率不足时，感光胶层内部分解不彻底，就会起脏。

解决：每批PS版都要测量曝光量，及时调整曝光时间，同时定期检查光源的有效功率和电压的稳定性。

③ 原因：显影不透引起的上脏。主要是由于显影液疲劳失效，浓度不够，显影液温度太低或显影时间不足所致。

解决：显影前，需要检查显影液的浓度、温度。另外还需要注意显影时间。

④ 原因：配制显影液时，强碱如氢氧化钠等用量过多，显影液碱性过强，腐蚀版基氧化膜，版基裸露，印版非图文部分亲水性能下降而上脏。

解决：在显影液中加入适量氯化钾或磷酸钠等抑制剂。

4．涂改上脏

① 原因：涂改部位上脏。主要由于涂改液变质；涂改时没有擦干版面水分；涂改不充分；涂改时间过长。

解决：严禁用变质涂改液改印版，涂改液不用时要妥善保存。

② 原因：涂改部位周围上脏。主要由于曝光不足或显影不足，感光胶层有残留；涂改部位周围残留、附着被涂改液溶解了的感光胶层。

解决：在对版面进行涂改、除脏前，将版面擦干。

（三）着墨不良

1．擦保护胶操作不当

① 印刷开始的着墨不良问题。原因：没有使用指定的保护胶；保护胶液过浓；擦胶不均；印版在擦版后接触了强光，印版跑光，图文部分亲油性降低；保护胶擦得过厚，过多。

解决：按照规定擦涂保护胶，注意保护胶的品牌、浓度及使用量等。

② 印刷中途的着墨不良问题。原因：润版液中胶的成分过多。

解决：使用了 PS 版清洗剂后，必须用水冲洗。

2．涂改操作不当

原因：涂改印版前未将版面水擦干，涂改液浸到印版图文周围，使该部位图文腐蚀、掉版。

解决：涂改前应将版面的水充分擦净；涂保护胶后再进行涂改操作。

3．PS 版感光胶层剥离、脱落

原因：主要与印版保护、储存不善有关。另外，显影液浓度过高，印版图文细小部分也可能被显掉，导致印版感光层剥离、脱落。

解决：运输版材时，不要摩擦 PS 版面；显影液浓度要适中。

（四）印版耐印力差（掉版）

PS 版耐印力不仅取决于版材本身，更主要取决于晒版和印刷过程中的每一个操作环节。实际印刷中影响印版耐印力的因素很多。

① 版材。砂目浅；氧化层薄而不均匀。

② 制版。曝光或显影前跑光；曝光过度；显影过度；烤版胶变质，烤版温度过高，时间过长。

③ 印刷。使用了强力印版清洗剂或滚筒清洗剂；印刷压力过大；印版与橡皮布不平；靠版辊靠版紧而不平；靠版胶辊、橡皮布老化。

④ 润版液。润版液浓度过大，侵蚀印版。

⑤ 印刷纸张。印刷纸张粗糙、掉粉、掉毛。

⑥ 油墨。油墨墨层过厚；油墨颗粒粗。

任务二　橡皮布更换

技 能 训 练

一、基本要求与目的

1. 了解印刷橡皮布的功能。

2. 掌握海德堡 SM52 胶印机橡皮布更换的方法。

3. 清楚印刷橡皮布更换的质量检查。

二、仪器与设备

训练中所使用的海德堡 SM52 胶印机橡皮滚筒如图 2-8 所示。

图 2-8　橡皮滚筒

三、基本步骤与要点

（一）训练讲解

（1）指导教师讲解基础知识。

①气垫橡皮布的结构。

②橡皮布包衬。

③气垫橡皮布表面压缩状况。

（2）指导师傅演示操作（以带卡橡皮布为例）。

①从胶印机中取出橡皮布。

②更换橡皮布。

③安装橡皮布到滚筒上。

④安装衬纸。

（二）学生操作

①取出某一机组橡皮布。

②更换橡皮布。

③安装橡皮布到滚筒上。

④安装衬纸。

四、主要使用工具

套筒扳手。

五、时间分配（参考：60min）

①指导教师讲解：10min。

②指导师傅演示：10min。

③拆卸橡皮布练习：10min。

④更换橡皮布、安装练习：10min。

⑤安装衬纸练习：5min。

⑥考核：15min。

六、考核标准

考核项目	考核内容	考核分数（5分制）
拆卸橡皮布	操作熟练地拆下橡皮布夹板	1.5
更换、安装橡皮布	完好无损、熟练地安装橡皮布	2
安装衬纸	在规定时间内完成衬垫的安装	1.5

注：每组考核成绩优秀比例≤20%，优良比例≤50%。

七、注意事项

① 注意安全操作，取出橡皮布时，要注意保持橡皮布的张紧力。

② 在安装新橡皮布时，确保不损坏橡皮布的表面。

③ 更换橡皮布时必须单人操作，避免安全事故。

④ 安装新橡皮布后仔细检查安装质量。

八、思考题

1. 为什么在装橡皮布之前要先判断橡皮布的丝缕方向？判断的方法有哪几种？

2. 胶印橡皮布的印刷适性包括哪些内容？

3. 胶印气垫橡皮布与普通橡皮布的最大区别是什么？

4. 橡皮布的色线有什么作用？

5. 普通型橡皮布形成凸包的原因是什么？

知 识 链 接

一、胶印橡皮布

1. 主要技术要求

胶印中橡皮布担负着将印版上的墨层传递到纸张上的任务，因此在选择时应适合胶印特点。

① 硬度合适。橡皮布硬度高，则网点清晰，印刷品墨色均匀，但易磨损印版，同时对机器和橡皮布本身的精度要求也越高。硬度低，则容易变形。一般橡皮布的肖氏硬度在 65 ~ 70。

② 压缩变形小。在高速印刷中，橡皮布受到周期性的压缩，使其在长期受力变化中会产生压缩疲劳因而会带来永久变形，致使橡皮布的厚度减小、弹性减少、硬度增大，所以应选择压缩变形小的橡皮布为佳。

③ 优良的油墨传递性。油墨的传递率越高，橡皮布的油墨传递性能越好。

④ 表面耐油、耐溶剂性。橡皮布的表面胶层应具有良好的耐油、耐溶剂能力，不会因接触印刷过程中的化学物质而发生膨胀，破坏其应用。

⑤ 外观质量合格。橡皮布厚度要均匀，平整度误差应在 ± 0.04mm 以内，否则压力就不均匀。同时橡皮布表面的胶层应具有一定的粗糙度，表面细洁无杂质。

⑥ 伸长率适当。橡皮布的伸长率越小越好，能在印刷过程中套印准确、网点完整、图文清晰。

2. 保养

① 选用溶解性强、挥发快的有机溶剂当橡皮布的清洗剂，禁止使用能使橡皮布溶胀的物质清洗。

② 清洗橡皮布时，必须将墨迹擦干净不留残迹，防止残迹氧化干固和积累，使表面

橡胶光滑硬化，提前老化。

③ 对掉毛、掉粉严重的纸张，应勤擦橡皮布，以防堆积过厚硬化，压印时间过长，使橡皮布失去弹性而产生塑性形变。

④ 滚筒间印刷压力不宜过大，注意经常测压力，保持最佳印刷压力。

3. 在挑选橡皮布时应注意的问题

① 外观质量。橡皮布表面应经过处理，使其表面均匀分布着无数细小的砂眼，表面细洁、清爽、无细小杂质，底布必须保持表面光洁、平整、无折痕、无线结等。

② 径向扩张力大，伸缩率小。

③ 底部四层的橡皮布厚度为 1.80~1.90mm，底布三层的橡皮布厚度为 1.60~1.70mm。

④ 平整度误差不超过 ±0.04mm，厚度均匀。

二、橡皮布更换的程序

1. 从胶印机中取出橡皮布（见图 2-9 和图 2-10）

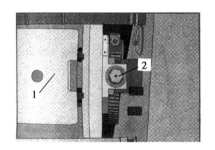

图 2-9　橡皮布更换 1

1- 护盖；2- 弹簧栓

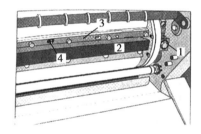

图 2-10　橡皮布更换 2

1- 螺钉；2- 横杆；3- 后夹板；4- 弹簧栓

① 打开安装在橡皮滚筒前面的防护罩，点动胶印机直到滚筒缺口处在便于操作的位置上时停止。

② 将滚筒缺口的护盖推向弹簧栓 2 位置，并且将护盖取出来。

③ 利用套筒扳手转动螺钉 1，以便松开夹紧轴使夹紧轴处在与横杆 2 平行的位置上。

④ 在朝着滚筒缺口方向将橡皮布的后夹板 3 从夹紧轴中取出来的同时，按住橡皮布后夹板中间的弹簧栓 4。

⑤ 用手抓住橡皮布的后夹板及其包衬纸，反向点动胶印机将橡皮布从印刷机内引导出来。

⑥ 点动胶印机直到橡皮布的前夹板处在便于操作的位置时为止。

⑦ 按动橡皮布前夹板上的弹簧栓，并且沿着滚筒缺口中间的方向将橡皮布的前夹板取出来。

2. 更换橡皮布（见图 2-11 和图 2-12）

① 在胶印机旁边找一块干净地方，摆放从夹板中取出刚才换下来的旧橡皮布。

② 将新橡皮布 1 对正中心位置放入两个夹板 2 中。橡皮布一定要顶到支撑杆上的止动掣子的位置上。

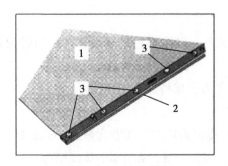

图2-11　橡皮布更换3

1– 新橡皮布；2– 夹板；3– 螺钉

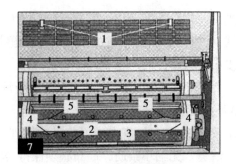

图2-12　橡皮布更换4

1– 匀墨装置防护罩；2– 橡皮布后夹板；
3– 夹板；4、5– 夹紧轴的卡爪

③ 将螺钉3用扳手紧紧固定好橡皮布。操作时，要先从夹板的中间螺钉开始紧固，然后再渐渐向外侧延伸将橡皮布牢牢地紧固好。

3. 安装到橡皮滚筒上

① 正向点动胶印机直到橡皮布的前夹板处在便于操作的位置时为止。

② 把前夹板的插槽插入夹紧轴的卡爪4当中去。

③ 朝着滚筒中间的缺口方向，顶住卡爪弹簧的弹力将夹板压下，直到夹板卡入夹紧轴内时为止。

④ 在匀墨装置防护罩1上的支架处将橡皮布的后夹板安装好。

4. 安装衬纸

① 反向点动胶印机直到橡皮布的前夹板处在压版杆下面大概垂直的位置上为止。

② 将包衬纸插装到橡皮布的里面，直到挡杆的位置时为止。这时，橡皮布发挥对包衬的引导作用。

③ 将滚筒包衬纸对正橡皮滚筒的中间位置。

④ 正向点动胶印机使橡皮布压住包衬纸送到滚筒护套上。

⑤ 在防护罩处松开橡皮布的边口，同时拿住橡皮布及其包衬纸。

⑥ 再正向点动胶印机，直到后夹板处在便于操作的位置上时，把后夹板的插槽插入后夹紧轴的卡爪当中去。

⑦ 朝着滚筒缺口中间的方向，顶住卡爪弹簧的弹力将夹板压下，直到夹板卡入夹紧轴内为止。

⑧ 利用套筒扳手转动张紧螺栓以紧固好橡皮布。

⑨ 安装好滚筒缺口的护盖。

三、在印刷过程中橡皮布可能会产生的变形

在印刷过程中橡皮布的变形主要有以下几种：

（1）拉伸变形。

这种变形发生在橡皮布滚筒的径向，如果拉伸力过大或拉伸次数过多，橡皮布变形就

越大。拉伸力主要是指橡皮布绷紧在橡皮布滚筒上的张紧力，张紧力应以绷紧橡皮布为度。要保持橡皮布的绷紧度，不能过松或过紧。

（2）压缩变形。

在印刷过程中橡皮布受到印版滚筒和压印滚筒的滚压作用，使橡皮布的局部形成交变的压力，接受压力的微小单元体沿滚筒径向和轴向的应变大致是相等的。轴向的变形明显受到限制，径向的变形则可能向邻近的区域发展，这种径向的发展受到阻碍便形成隆起的凸包，一般是出现在压印区的两侧，并随压印区的变化而变化，这是橡皮布压缩变形最显著的特点。消除橡皮布压缩变形比较理想的做法是在胶印机设计制造时滚筒系统采用异径配置法，另外就是采用气垫橡皮布，但最重要的还是调节印刷压力时一定要适宜。

（3）橡皮布的扭转变形。

如果橡皮布不是标准的矩形、橡皮布绷紧的程度不均匀、橡皮布的厚度不均匀、滚压时压力不均匀，都可能导致橡皮布变形，它是在橡皮布扭转的作用下发生的。为了消除或减弱橡皮布的扭转变形，应尽量使这3个滚筒的轴向平行，在调节印刷压力时，应使不接触滚枕（肩铁）的间隙（指滚筒两边）必须相同，要把橡皮布裁剪成标准的矩形，测定并控制使用橡皮布的均匀度。

四、橡皮布的弹性衰减现象及其消除方法

橡皮布在反复多次承受滚筒接触压力的过程中，逐渐地不能恢复到原来的厚度，这种现象称为弹性衰减现象。

橡皮布因弹性衰减会引起压力下降，一般在更换新橡皮布或包衬后最初的阶段，印刷压力很快下降到压力稳定值，此时印刷品质量得不到保证，为了消除这种现象，需要采取以下两种方法：一是新橡皮布或包衬装好以后，先让胶印机合压运转0.5~1h，然后检查印刷压力下降的情况，并对包衬做出相应的调整。二是在印刷前把印刷压力略微提高，印刷一定数量后再使压力下降，但仍然维持在胶印工作压力的范围之内。

任务三　胶印 CP2000 系统设置

一、基本要求与目的

1. 了解海德堡 SM52 胶印机 CP2000 基本结构和功能。

2. 掌握海德堡 SM52 胶印机 CP2000 操作面板各功能的名称和设置方法。

3. 基本掌握在海德堡 SM52 胶印机 CP2000 上进行各墨区墨量大小的调整。

二、仪器与设备

图 2-13 所示为训练中所使用的海德堡 SM52 胶印机 CP2000 控制台。

图 2-13　海德堡 SM52 胶印机 CP2000 控制台

三、基本步骤与要点

（一）训练讲解

（1）指导教师讲解海德堡 SM52 胶印机 CP2000 操作面板各功能的名称和参数设置。

① 海德堡 SM52 胶印机 CP2000 控制台的组成。

② 显示屏软件结构和操作方法。

③ 显示屏菜单栏的各选项功能操作。

（2）指导师傅演示海德堡 SM52 胶印机 CP2000 控制台菜单中各功能设置。

① 工作设计菜单设置。

② 注释菜单设置："注释菜单"是键入当前工作的注释文字。

③ 印刷材料菜单设置。

（二）学生操作

① 熟悉海德堡 SM52 胶印机 CP2000 操作界面各菜单功能。

② 新建一个工作单，进行各项参数设置练习。

③ 调用一个旧工作单，写出各项参数设置练习。

四、主要使用工具

控制台键盘，触摸屏。

五、时间分配（参考：60min）

① 指导教师讲解：10min。

② 指导师傅演示：10min。

③ 新建工作单参数设置练习：10min。

④ 调用旧工作单练习：5min。

⑤ 印单设置熟练操作练习：20min。

⑥ 考核：5min。

六、考核标准

考核项目	考核内容	考核分数（5分制）
新建工作单参数设置	熟练操作菜单设置，参数设置项目完整，数值或选项正确	3
调用旧工作单查看参数设置	熟练操作菜单设置，按要求读取设置参数	2

注：每组考核成绩优秀比例≤20%，优良比例≤50%。

七、注意事项

① 海德堡 SM52 胶印机 CP2000 控制台是印刷机的重要部分，必须小心操作。

② 不得倚靠、重压控制台。

③ 未经指导师傅同意，不得随意更改默认设置。

④ 应详细记录印活原设置参数和更改参数，观察印刷机相应变化。

八、思考题

1. 海德堡 SM52 胶印机的墨区有多少个？

2. 在"印刷/印刷材料"菜单中输入纸张厚度，输纸台高度将会自动设置好，那么当纸张厚度少于 0.1mm 时，输纸台每次自动提升多少高度？

3. 墨区显示和输入键盘上各部分功能是什么？范围和调节数值各是多少？

4. 在套准功能菜单中，如何使用箭头键来设置前规和侧规？

知 识 链 接

一、海德堡 SM52 胶印机 CP2000 控制台的基本组成与功能

海德堡 SM52 胶印机的 CP2000 控制台是用来控制机器的控制面板，如图 2-14 所示。

（1）触摸屏。操作人员可通过屏幕对机器输入各种指令和更改机器各项设置。

（2）启动面板。面板上有生产、停车、走纸等指令按键，如图 2-15 所示。

① 生产开始（按键呈绿色）。

② 停车（按键呈红色）。

③ 废纸计数器开/关（开启时，按键灯亮）。

④ 加快印刷速度。

⑤ 减慢印刷速度。

⑥ 运行。

⑦ 输纸打开/关闭（打开时，按键灯亮）。

⑧走纸（打开时，按键灯亮）。

⑨紧急停车。

⑩锁死控制面板（锁死后，按键灯亮）。

（3）墨区调节面板。用于设置各机组墨量。

（4）放置样张平台。

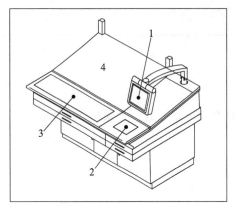 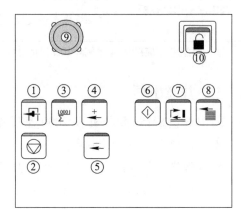

图 2-14　海德堡 SM52 胶印机　　　　　图 2-15　海德堡 SM52 胶印机 CP2000
　　CP2000 控制台的基本组成　　　　　　　　　　控制台的启动面板
　　　　1– 触摸屏；2– 启动面板；
　　　3– 墨区调节面板；4– 放置样张平台

二、海德堡 SM52 胶印机 CP2000 控制台工作菜单的设置

工作菜单中包括数据和当前的存储，当前的数据可以起任何名字来存储。在工作菜单界面中包含以下设置：

①注解。按下此键，并用屏幕上出现的字母键盘。②工作设计。③存储当前工作。④印刷材料。⑤印刷机的配置。⑥印刷方法。⑦颜色分解。⑧结束生产。⑨工作准备。⑩预览。

下面以工作设计菜单的设置为例，简单介绍如何在海德堡 SM52 胶印机 CP2000 控制台上依据印品的需求进行设置。

（1）如果要新建一个工作，首先要在"工作设计"菜单中输入它的基本数据。

①在工作菜单中按"工作设计"键。

②按下工作序号、工作名称、用户键这三键中任意一键。

③用键盘输入一个活件的文本，文字会出现在文本区域内。

④按"OK"键确认输入，或者按"删除"键取消。

（2）注释菜单设置。

"注释菜单"是键入当前工作的注释文字。

①在"工作菜单"中按"注释"键，"注释"菜单出现在屏幕上。

② 用键盘输入要写的文本。

③ 按"OK"键确认输入，或者按"删除"键取消。

④ 存储当前工作。

（3）印刷材料菜单设置。

在"印刷材料菜单"中可以输入纸张尺寸数值、拉规选择和纸张厚度，其设置界面如图 2-16 所示。

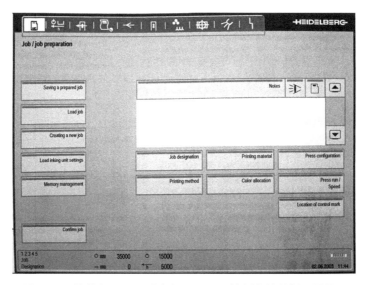

图 2-16　海德堡 SM52 胶印机 CP2000 控制台的材料设置界面

任务四　印刷纸张整理

一、基本要求与目的

1. 了解纸张的基本知识与特性。

2. 清楚撞纸的原理与方法。

3. 掌握纸张撞纸、搬纸和上纸的方法。

4. 按照标准完成纸张的整理。

二、仪器与设备

图 2-17 所示为训练中所使用的理纸台。

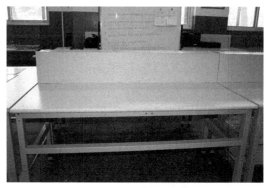

图 2-17　理纸台

三、基本步骤与要点

（一）训练讲解

（1）指导教师讲解纸张基本知识与特性。

① 印刷纸张整理的必要性。

② 印刷纸张的基本规格与特性。

③ 光滑表面纸张、薄纸的整理要点。

④ 纸张整理注意事项。

（2）指导师傅演示纸张整理方法。

① 常用撞纸方法演示。底角对捻法和对角对捻法。

② 常用敲纸方法演示。

③ 常用搬纸方法演示。卷曲法、纸张两侧弯曲法和纸张底边角弯曲法。

④ 常用上纸方法演示。

（二）学生操作

① 8 开纸撞纸练习。

② 4 开纸撞纸练习。

③ 对开纸撞纸练习。

④ 敲纸练习。

⑤ 搬纸练习。

⑥ 上纸练习。

四、主要使用工具

标准理纸台。

五、时间分配（参考：60min）

① 指导教师讲解：5min。

② 指导师傅演示：5min。

③ 8 开纸理纸练习：5min。

④ 4 开纸理纸练习：5min。

⑤ 对开纸理纸练习：10min。

⑥ 敲纸练习：5min。

⑦ 搬纸练习：5min。

⑧ 上纸练习：10min。

⑨ 考核：10min。

六、考核标准

考核项目	考核内容	考核分数（5分制）
撞纸	两种规格的纸张各200张，在指定时间内完成纵横双向理齐	2
敲纸	200张纸在规定时间内敲好	1
搬纸、上纸	应用三种搬纸方法，在规定时间内将纸张在输纸台上理齐	2

注：每组考核成绩优秀比例≤20%，优良比例≤50%。

七、注意事项

① 纸张边缘锋利，小心双手划伤。

② 纸张整理时，必须保证双手清洁。

③ 纸张整理时，不得将纸张的叼口和侧规边卷曲。

④ 堆纸时，不得影响到下面已放齐的纸堆。

八、思考题

1. 胶版纸和表面光滑的铜版纸哪种更容易整理？为什么？

2. 纸张静电较大时为何会粘连在一起？纸张整理时如何解决静电问题？

3. 搬纸有哪几种方法？各自应用在什么情况下？

4. 上纸时，在纸堆上堆纸不齐的原因？

一、常见纸张类型、规格及印刷适性

（1）单张印刷机常见纸张类型。

按承印物材料的不同，将纸张分成：新闻纸、胶版纸、铜版纸、卡纸、特种纸等。

（2）单张胶印机常用纸张规格。

787mm×1092mm，880mm×1230mm，889mm×1194mm，850mm×1168mm。

（3）纸张的印刷适性。

纸张的印刷适性是指纸张的固有特性是否与某种特定的印刷条件相适应。纸张的印刷适性一般有以下几个方面：定量、厚度、平滑度、光泽度、白度、不透明度、粗糙度、挺度、含水量、松厚度、表面强度、抗张强度、吸墨性等。除上述指标外，有时还要考虑纸张的pH值、纸张的丝缕方向等，以保证印刷质量。

二、常用撞纸、敲纸、搬纸、上纸方法

1. 撞纸方法

（1）底角对捻法。

① 捻纸、松纸。两手分别捏住纸沓底角，大拇指在上，其余四指在下。两只大拇指和手腕均向外翻转，食指随着手腕的翻转自然地从下向上拱，将纸沓拱成一个"凹"形，这样纸张之间便产生一定的间隙，空气进入间隙，使纸张松开。通过两手这样有节奏地松、紧，达到松纸的效果。

② 撞齐。松纸后，两手移至纸沓的两侧稍偏上端处，将纸沓竖着拿起来，随后两手松开，让纸张自由滑行到台上，瞬间再用手拿住纸沓，达到撞齐一边的效果。

然后用同样的方法将不齐的纸边撞齐。

（2）对角对捻法。

① 松纸。两手分别捏住纸沓的对角，大拇指在上，其余四指在下。以下松纸方法同"底角对捻法"中①的操作，也可以达到松纸的效果。

② 撞齐。方法同"底角对捻法"中②的操作。

2. 敲纸方法演示

敲纸是改善纸张正反印刷或单色机套印多色时出现的不平整现象的处理方法。一般一次取 200～300 张纸的厚度为宜。

① 用左手按住纸沓，右手捏住纸张一角，大拇指在上，其余四指在下，做松纸的动作，然后手腕和小臂向内翻转，手背朝上，将纸张捻开。

② 左手换上来呈斜上方按住捻开的纸边，右手按住纸张背面。右手每往下轻按一次，两手同时抬起往右手方向搽送一段距离。这样捻开的这一侧纸张表面出现了有一定间隔的压痕。

3. 搬纸方法

① 卷曲法。

② 两手分别放在纸张短边一侧三分之一处的位置，大拇指在上，其余四指在下，将纸沓拿起来离开理纸台。

③ 纸张两侧弯曲法。

④ 纸张底边角弯曲法。

4. 上纸方法

上纸是将处理好的纸沓顺利、整齐堆码在印刷机输纸台上的操作。输纸台上可以预先放置有堆好的纸，也可以没有纸。

① 将纸沓搬至输纸台上，松纸。

② 撞齐本沓纸堆。

③ 若下面有预先堆好的纸，还应该取下面纸沓若干张与本沓纸一起再松纸、撞齐。

④ 左手按在纸堆的中部，右手分别在四角从里向外搽空气。以防纸张之间有空气造成下次上纸时，最上面的纸张容易跑位。

三、印刷撞纸、敲纸、晾纸、纸张调湿处理的目的及要求

1. 印刷撞纸的目的与要求

使纸张整齐，确保裁切准确，保证单张胶印机的正常输纸。

2. 印刷敲纸的目的与要求

敲纸的目的：提高纸张的机械强度；提高纸张的平整度；弥补印张图文的套准误差；提高拖梢边的挺度和松散度。

敲纸的注意事项及要求：

① 每次敲纸数量不宜太多。若过多，敲纸效果不好；若过少，则效率低。

② 敲纸的力度要适中。力度太大会在纸张上形成很明显的压痕，影响印刷品的美观；太小则达不到敲纸的效果。

③ 对于纸张较薄、较软的，压痕应密集一些；反之要小一些。

④ 压痕间隔越小越好，间距要均匀，呈扇形排列。

3. 晾纸的目的

晾纸是指印刷前对纸张进行吊晾，使纸张含水量与印刷车间的温度、湿度相平衡，以保持纸张尺寸稳定。

4. 纸张调湿处理的目的

印刷前对胶印用纸进行调湿处理，其目的：①使纸张与环境相对湿度平衡，确保多色套印准确。②使调湿平衡后的纸张，对环境温度及版面水量的敏感程度大大降低，减小纸张伸缩变化。

四、纸张含水量不均匀所造成的纸张故障

纸张含水量不均匀，会出现紧边、荷叶边和卷曲等现象。

① 紧边指纸张四周含水量低，中间含水量高时出现四边收缩、中间膨胀的现象。

② 荷叶边指纸张四周含水量高，中间含水量低时出现的四边扩张、中间收缩的现象。

③ 卷曲指纸张正反面含水量不一致导致的纸张弯曲。

任务五　配墨与上墨

技　能　训　练

一、基本要求与目的

1. 了解油墨色彩混合变化的规律。

2. 学会专色油墨调配方法。

3. 掌握油墨颜色测量常用方法。

4. 掌握印刷上墨的基本操作。

二、仪器与设备

训练中所使用的主要设备有调墨台（见图 2-18）、展色仪（见图 2-19）和分光光度计 SpetroEye（见图 2-20）。图 2-21 所示为训练所用的胶印机墨斗。

图 2-18　调墨台

图 2-19　展色仪

图 2-20　分光光度计 SpetroEye

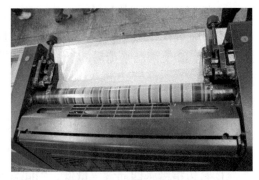

图 2-21　胶印机墨斗

三、基本步骤与要点

（一）训练讲解

（1）指导教师讲解印刷油墨基础知识。

① 印刷油墨的色彩基础知识。

② 色料的减色法原理。

③ 专色的相关基础知识。

（2）指导师傅演示操作。

① 调整油墨黏性。

② 浅色专色油墨的调配。

③ 深色专色油墨的调配。

④ 用展色仪打专色样。

⑤ 上墨演示。

（二）学生操作

① 调墨的基本动作及调整油墨黏性。

② 浅色专色油墨的调配。

③ 深色专色油墨的调配。

④ 用展色仪打专色样。

⑤ 上墨。

四、主要使用工具

调墨刀、调墨色谱、四色（黄、品红、青、黑）油墨、增黏剂（0 号调墨油）或减黏剂、墨盘、铜版纸或胶版纸纸样若干条等。

五、时间分配（参考：60min）

① 指导教师讲解：5min。

② 指导师傅演示：10min。

③ 调配专色油墨练习：20min。

④ 颜色评价练习：5min。

⑤ 上墨练习：10min。

⑥ 考核：10min。

六、考核标准

考核项目	考核内容	考核分数（5 分制）
调配某种专色	给定目标专色色样，在指定时间内完成该专色的调配操作	3
颜色评价	用分光光度计评价调配结果	1
上墨练习	熟练将油墨装入墨斗内	1

注：每组考核成绩优秀比例≤20%，优良比例≤50%。

七、注意事项

① 注意安全使用墨刀，切勿用墨刀打闹。

② 调好的样张要干净整洁、墨色均匀、色相正确。

③ 在墨斗内搅拌油墨时，注意墨铲不要划伤墨斗衬垫和划到墨斗辊表面。

④ 配墨和上墨操作时，注意节省油墨，避免油墨飞溅。

⑤ 完成练习后注意清洗干净调墨台、调墨刀和展色仪。

八、思考题

1. 国家标准中对彩色印刷品的同批同色印刷色差的要求是什么？

2. 在深色专色油墨的调配过程中，是不是使用原色油墨种类越多越好？为什么？

3. 印刷油墨配墨的基本步骤是怎样的？如何检查油墨调配质量？

4. 印刷上墨的基本步骤是怎样的？如何确定上墨量的多少？

5. 为什么要对油墨性能进行调整？

6. 三原色有什么特性？三原色色光、色料混合有什么规律？

7. 三原色油墨印刷有什么局限性？

一、颜色的形成及其属性

形成颜色必须要有光源、物体、眼睛、大脑这四大要素，而且缺一不可。颜色的形成与光是分不开的。

（1）颜色的 3 个属性分别指色相、明度、彩度。

色相是彩色之间的区别，也称色别或者色调，它是一定波长单色光的色彩相貌。明度是人们看到颜色所引起视觉上明暗程度的感觉。彩度是颜色在心理上的纯度的感觉。

（2）颜色分解。

印刷就是依据色光的特性，利用红、绿、蓝 3 种色光分别只能通过红、绿、蓝三色的滤色片，以实现对原稿上所有颜色的分解。

二、专色的概念及专色印刷的特点

专色是指在印刷时，不是通过印刷 C、M、Y、K 四色合成这种颜色，而是专门用一种特定的油墨来印刷该颜色。

专色印刷所调配出的油墨是按照色料减色法混合原理获得颜色的，其颜色明度较低，饱和度较高。墨色均匀的专色块通常采用实地印刷，并要适当地加大墨量，当版面墨层厚度较大时，墨层厚度的改变对色彩变化的灵敏程度会降低，所以更容易得到墨色均匀、厚实的印刷效果。

专色印刷的特点：①颜色传递的准确性；②实地性；③不透明性；④颜色表现色域宽。

三、调配油墨的基本操作练习

1. 调整油墨黏性

（1）准备某一种颜色的原色油墨，检查油墨质量，并简单判断其黏性。

（2）另外准备一个墨盘，用单手握并转动调墨刀从墨罐中刮出小部分油墨放到调墨盘中，逐渐加入适量的增黏剂（0 号调墨油 3%～5%）或减黏剂（3% 左右），搅拌均匀。

（3）用调墨刀搅拌墨盘中的油墨，然后提起来，通过观察墨丝的长度来粗略判断：若墨丝长则黏性大，反之黏性小。或用搅拌油墨的调墨刀或搅拌器直接与铜版纸接触，判断油墨和纸的黏合程度：若纸张容易分离，则黏性小，反之则黏性大。

2. 调配浅色专色墨

（1）准备四色油墨、冲淡剂、调墨刀、纸样等材料。

（2）判断浅色成分。采用色谱比较法，在调墨色谱上找出与给定颜色相近色块的成分，区分主色墨和辅色墨，并按照色谱上给定的颜色比例记录好各原色油墨的调配比例。根据给定的色样，选择好需要的冲淡剂（白油、白油墨、维力油等），确定调配的比例。

（3）开始调配油墨。单手握住调墨刀，按"8"字形轨迹进行搅拌直至均匀为止。

（4）打色样。用调墨刀取一小部分油墨到展色仪的墨辊上，启动展色仪，先后进行 3 次匀墨：第一次约 10s，停机；再启动机器约 20s，停机；最后启动机器 48s，停机；在承印物滚筒上夹一张铜版纸，启动机器打出色样条。

（5）鉴别调色质量。等色样条干燥一定时间后，与给定色样进行对比，先用眼睛观察油墨的色相、饱和度、光泽度等；若跟给定的色样差别不大，则可以用分光光度计测量色差。若跟给定的色样差别较大，则重复（2）、（3）、（4）、（5）的步骤。

3. 调配深色专色墨

（1）准备四色油墨、冲淡剂、调墨刀、纸样等材料。

（2）判断深色成分。采用色谱比较法，在调墨色谱上找出与给定颜色相近色块的成分，区分主色墨和辅色墨，并按照色谱上给定的颜色比例来确定各原色油墨的调配比例。

（3）调配。将一部分主色墨放入墨盘中或调墨台上，按照比例逐渐加入辅色墨，单手握住调墨刀，按"8"字形轨迹进行搅拌直至均匀为止。

（4）打色样。用调墨刀取一小部分油墨到展色仪的墨辊上，打出色样条［展色仪的操作方法同"调配浅色专色墨"的步骤（4）］。

（5）鉴别调色质量。等色样条干燥一定时间后，与给定色样进行对比，先用眼睛观察油墨的色相、饱和度、光泽度等；若跟给定的色样差别不大，则可以用分光光度计测量色差。若跟给定的色样差别较大，则重复（2）、（3）、（4）、（5）的步骤。可加入少量冲淡剂、干燥剂、稀释剂调整油墨的印刷适性，有时还需要加入少量黑墨进行调配才能达到预期的颜色效果。

四、上墨演示

图 2-22 所示为上墨装置，具体操作如下：

（1）拧动转动手把 1，使墨斗 6 向下摆动。

（2）装墨斗衬垫：松开墨斗衬垫夹板上的螺钉 7，将墨斗衬垫的后边口装入墨斗衬垫夹板折缝 8 内。按动转动墨斗辊按钮 4，以便墨斗辊转动起来。将墨斗向上翻起的同时，把墨斗衬垫的前边口插装到墨斗和墨斗辊之间。

（3）当墨斗摆动到上面止动位置时，拧动转动手把1将墨斗就位锁定。将螺钉7拧到"正常"位置上。

（4）安装墨斗端板和墨刀片。松开滚花螺钉2，将墨斗端板3和墨刀片5装入滚花螺钉2下面，使墨斗端板3顶住墨斗辊同时墨刀片5边口要接触墨斗辊。两端板装好后，拧紧滚花螺钉2。

（5）用墨铲搅动油墨，卷起一团油墨，一边来回转动墨铲，一边将油墨放入墨斗内。左手抓住墨斗辊控制手把并前后拉动，右手拿墨铲将油墨搅拌均匀。

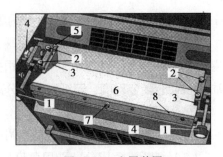

图 2-22 上墨装置

1- 转动手把；2- 滚花螺钉；3- 墨斗端板；
4- 转动墨斗辊按钮；5- 墨刀片；6- 墨斗；
7- 螺钉；8- 墨斗衬垫夹板折缝

任务六 输纸与规矩调节

技 能 训 练

一、基本要求与目的

1. 了解输纸部分各部件的名称、功能及调节方法。

2. 清楚输纸调节的各个设置参数。

3. 掌握前规和侧规的调节方法。

4. 按照标准完成给定纸张的输纸、规矩调节。

二、仪器与设备

图 2-23 ~ 图 2-25 所示分别为海德堡 SM52 胶印机输纸飞达、上纸部分和前规与侧规。

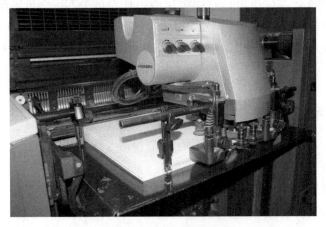

图 2-23 输纸飞达

图 2-24　上纸部分

图 2-25　前规与侧规

三、基本步骤与要点

（一）训练讲解

（1）指导教师讲解海德堡 SM52 胶印机输纸部分基础知识。

① 最大／最小纸张尺寸。

② 纸张厚度范围。

③ 上纸台纸堆的最大高度。

④ 飞达、规矩各部件的名称和作用。

（2）指导师傅演示整个输纸过程调节和操作。

① 查看工艺单中关于印刷纸张的规格、数量的数据。

② 上纸台的调节演示。

（二）学生操作

① 根据提供的纸张尺寸，进行上纸台设置练习。

② 对给纸台进行调节练习。

③ 调节输纸板练习。

④ 规矩调节练习。

四、主要使用工具

扳手、量规。

五、时间分配（参考：60min）

① 指导教师讲解：5min。

② 指导师傅演示：15min。

③ 上纸台设置、调节练习：10min。

④ 输纸板调节练习：10min。

⑤规矩调节练习：10min。

⑥考核：10min。

六、考核标准

考核项目	考核内容	考核分数（5分制）
上纸台设置	提供一定规格的纸张300张，在指定时间内完成输纸机上纸堆给纸的正确设置	2
输纸板调节	在规定时间内调节好输纸板	1
规矩调节	在规定时间内将规矩调整到位	2

注：每组考核成绩优秀比例≤20%，优良比例≤50%。

七、注意事项

①纸张边缘锋利，注意小心双手划伤。

②上纸时，必须保证双手清洁。

③利用"主纸堆上升（MAIN PILE UP）"按钮上纸时，要防止纸堆与吸纸分离头相互碰撞。

④上纸时，不得影响到下面已放齐的纸堆。

八、思考题

1. 走纸过程中显示"双张"故障造成输纸机关闭的原因有哪几个？

2. 把60g/m^{2}轻涂纸换成128g/m^{2}铜版纸进行印刷时，应对飞达部分的分纸部件如何调节？

3. 为什么印刷不同纸张或纸板需要使用不同的橡皮圈或吸嘴？

4. 前规、侧规对纸张定位在时间上有什么要求？

5. 印刷时出现双张、空张或纸张歪斜，印刷机将做何反应？

6. 由吸纸分离头引起的输纸歪斜应如何处理？

7. 输纸板上的两只侧规，在工作时为什么只用一只？

8. 怎样确定前规的前后位置？

9. 调节双张控制器最小间隙是多少？为什么？

10. 双张控制器检测到双张后有什么反应？

知 识 链 接

一、海德堡 SM52 胶印机所适用的印刷纸张规格及输纸台的纸堆堆垛要求

1. 纸张规格

①最大纸张尺寸：520mm × 370mm。

② 最小纸张尺寸：140mm × 145mm。

③ 印刷材料厚度：0.03 ~ 0.4mm。

2. 纸堆堆垛要求

① 最大纸垛高度：840mm。

② 最大纸垛重量：180kg。

二、海德堡 SM52 胶印机吸纸、输纸、侧规与前规结构

图 2-26 ~ 图2-29所示分别为海德堡胶印机吸纸分离头示意图、输纸台示意图和侧规与前规示意图。

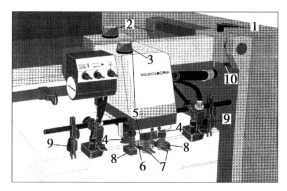

图 2-26　海德堡胶印机吸纸分离头示意图

1– 夹紧手柄；2– 飞达高度控制旋钮；3– 吸纸嘴高度控制旋钮；4– 吸纸嘴（组合式纸张提升吸嘴 / 递纸吸嘴）；5– 压纸脚；6– 托纸吹嘴；7– 分纸片；8– 分纸吹嘴；9– 后挡规（纸张稳定器）；10– 刻度

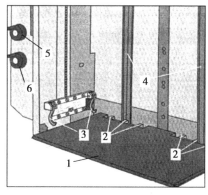

图 2-27　海德堡 SM52 胶印机输纸台示意图

1– 托架；2– 纸张支撑条；3– 提升钩；4– 横向纸堆挡规；5、6– 曲柄手把

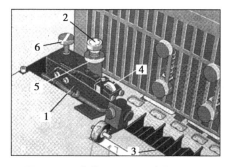

图 2-28　海德堡 SM52 胶印机侧规

1– 拉规；2– 拉纸滚轮压力调节螺钉；3– 拉纸规槽；4– 拉纸滚轮；5– 拉纸滚轮压力锁紧螺母；6– 拉规行程控制

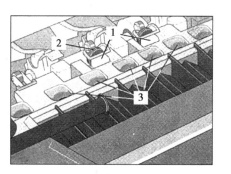

图 2-29　海德堡 SM52 胶印机前规

1– 前规；2– 滚花头螺钉；3– 吹嘴 / 吸嘴

三、输纸部分故障分析

常见的输纸故障的原因及修正方法如表 2-1 所示。

表 2-1 输纸故障分析

故障现象	可能的原因	修正方法
在走纸过程中输纸机关闭；显示内容：纸张晚到或者空张	吸纸带下面的真空量过小	在输纸机的控制面板上增加吸气量
	虽然纸张输送位置正确，但是纸张到达控制检测器未能检测到纸张的到达	① 在电子检测眼位置上将纸张分离器合上；② 增加吹纸嘴 / 吸纸嘴的气量
	纸张的边角碰撞盖帽导纸规	① 增加吹纸嘴 / 吸纸嘴的气量；② 在外侧边缘插装纸张分离器或者增加接触压力
	纸张分离器使纸张堵塞	正确调节高度位置
	纸张的边角碰到传纸叼纸牙的边缘部分	偏离中心对纸
	纸张到达的控制传感器粘脏	将该传感器清洁干净
在走纸过程中输纸机关闭；显示内容：双张	双张	将纸取出
	输入的印刷材料过薄或过厚	利用千分尺检查纸张材料的厚度，并且修正输入的厚度数值
	更改纸张材料的厚度数值后没有纸张输入印刷机内	① 将纸张从输纸台上取出，在开始走纸之前，首先让印刷机旋转 10 圈；② 如果空气压缩机仍然运转的话，继续保持输纸机打开状态直到空气压缩机自动关闭时为止
	拉纸装置以手工方式分离开	① 合上拉纸装置，检查拉辊是否来回动作；② 将纸张从输纸台上取出，并且在开始走纸之前，首先使印刷机旋转 10 圈
	由于纸张尺寸输入不正确，拉纸辊碰不到纸	检查所输入的纸张尺寸
来自吸纸分离头的纸张未对正位置	纸堆的横向挡纸规压纸力量过大	将横向挡纸规稍微调离纸堆
	纸张的边角被递纸翻板卡住	① 利用楔子将纸张的边角抬起来；② 检查空气垫的设置情况如何
	吸纸嘴位置放置得不平行	将吸纸嘴沿着其与走纸方向成直角的状态安置好
纸张的前边口损坏	纸张在盖帽导纸规位置部分抖动	① 增加吹纸嘴 / 吸纸嘴的气量；② 合上纸张分离器
纸张在前规位置出现折皱现象	吸纸带下面的气量过大	① 利用控制旋钮减小前置吸气仓气量；② 在输纸机控制面板上减少总的气压量
	传动辊上方的环形毛刷的接触压力过大	减小环形毛刷的接触压力
印刷机停止运行，速度显示：纸张超速	纸张在盖帽导纸规位置抖动	① 增加吹纸嘴 / 吸纸嘴的气量；② 合上纸张分离器

印刷调节

任务一　胶印水墨平衡调节

技 能 训 练

一、基本要求与目的

1. 了解胶印油墨与润版液的功能与作用。

2. 掌握在海德堡 SM52 胶印机 CP2000 上进行墨色调节的方法。

3. 掌握在海德堡 SM52 胶印机 CP2000 上进行水墨平衡调节的方法。

4. 清楚印刷墨色调节与印刷品质量的关系。

5. 此技能训练开始前必须先通过"套准调节"实训的考核。

二、仪器与设备

训练中所使用的主要设备为海德堡 SM52 胶印机，图 2-30 和图 2-31 所示分别为海德堡 SM52 胶印机的墨路机构和水路机构示意图。而图 2-32 和图 2-33 所示分别为海德堡 SM52 胶印机 CP2000 上的水墨控制菜单及墨区。

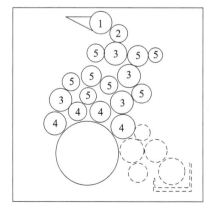

图 2-30　海德堡 SM52 胶印机墨路机构

1- 墨斗辊；2- 传墨辊；3- 串墨辊；

4- 靠版墨辊；5- 匀墨 / 重辊

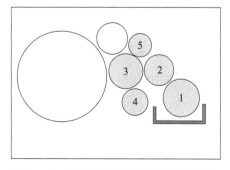

图 2-31　海德堡 SM52 胶印机水路机构

1- 水斗辊；2- 定量辊；3- 靠版水辊；

4- 串水辊；5- 水墨中介辊

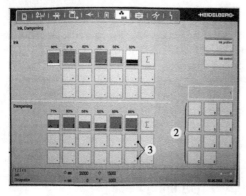

图 2-32　海德堡 SM52 胶印机
CP2000 水墨控制菜单

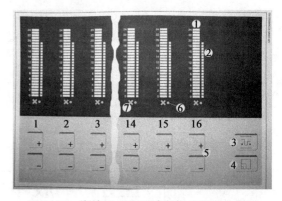

图 2-33　海德堡 SM52 胶印机 CP2000 墨区

三、基本步骤与要点

（一）训练讲解

（1）指导教师讲解墨色调节基础知识。

① 认识海德堡 SM52 胶印机墨路装置结构。

② 认识海德堡 SM52 胶印机润湿装置结构。

③ 了解平版印刷中水墨平衡的重要性和调节水墨平衡最基本的原则。

（2）指导师傅演示操作。

① 在海德堡 SM52 胶印机 CP2000 上调节润湿液用量。

② 在海德堡 SM52 胶印机 CP2000 上调节油墨用量。

③ 在海德堡 SM52 胶印机 CP2000 上调整水墨平衡数据。

（二）学生操作

① 在海德堡 SM52 胶印机 CP2000 上只改变润湿液用量，观察样张变化。

② 在海德堡 SM52 胶印机 CP2000 上只改变油墨用量，观察样张变化。

③ 在海德堡 SM52 胶印机 CP2000 上调整合适的水墨平衡数据。

四、主要使用工具

墨量、水量控制键。

五、时间分配（参考：60min）

① 指导教师讲解：5min。

② 指导师傅演示：10min。

③ 单色墨量调节练习：10min。

④ 双色墨量调节练习：10min。

⑤ 四色印刷品墨色调节练习：15min。

⑥ 考核：10min。

六、考核标准

考核项目	考核内容	考核分数（5分制）
润版液量调节	在确定条件下，将润版液量数值调节到水墨平衡的合适数值	1
双色墨量调节	调节墨量使得印刷品墨色达到要求的浓淡程度	1
四色墨色调节	在合适的润版液量下，调节墨色使印刷品与参考样张达到一致，版面干净	3

注：每组考核成绩优秀比例≤20%，优良比例≤50%。

七、注意事项

① 注意安全操作。

② 由于墨量调节后反映效果需要时间，应在低速印刷下进行。

③ 油墨墨量和润版液量的调节应小幅度多次调节完成。

④ 墨色调整后的样张要基本符合印刷品样张的质量要求。

八、思考题

1. 简述胶印中水墨平衡的含义。

2. 水墨平衡调节中，润版液用量调节应遵循的最基本原则是什么？

3. 从哪些现象来判断润版液量是否过大？

4. 水墨平衡调节方法有大水大墨或小水小墨，此时如何保证印刷品的墨色调节合理？

5. 由于供水引起的版面起脏的原因有哪些？

6. 由于供水引起花版的原因有哪些？

7. 如何解决背面粘脏？

知 识 链 接

一、印刷油墨与润版液的关系

油墨和水在胶印机上的传递过程中，油墨的乳化是不可避免的，结果是生成水包油型的或者是油包水型的乳状液。水包油型乳状液对于平版印刷过程的正常进行和印刷品的质量危害极大，它会使印刷过程发生所谓"水冲"现象，造成墨辊脱墨，油墨无法传递，导致印刷品的空白部分起脏。如果采用树脂型油墨，抗水性能增加，"水冲"现象极少发生，所形成的乳状液都是油包水型的。油包水程度轻微的乳化油墨，黏度略有下降，改善了油墨的流动性能，有利于油墨转移。

按照相体积理论，结合印刷过程中水墨传递的规律，平版印刷水墨平衡的含义归结为：在一定的印刷速度和印刷压力下，调节润版液的供给量，使乳化后的油墨所含润版液的体积比例在 15% ~ 26% 之间，形成油包水程度轻微的油包水型乳化油墨，以最小的供液量与印版上的油墨量相抗衡。

二、润版液的 pH 值对印刷质量的影响

① 平版胶印版材的版基是铝或锌，都是十分活泼的两种金属，润版液呈酸性时，随着 pH 值的下降，印版的腐蚀加剧；pH 值接近中性，印版的腐蚀也趋缓和，pH 值呈碱性后，印版的腐蚀再加剧。这样使印版图文部分的亲油层脱落，发生掉版现象。

② 当润版液的 pH 值过低时，它会与油墨中的催干剂发生化学反应，使催干剂失效。油墨干燥时间的延缓，会导致印刷品背面蹭脏，还会影响叠印效果。

③ 润版液的 pH 值过高，会导致油墨的严重乳化。

④ 在平版印刷中使用 PS 版的润版液 pH 值最好控制在 5 ~ 6 之间。

三、实际印刷时判断润版液量过大的基本方法

① 印品上的墨色浅淡，即使增加墨量，墨色也不能及时加深。

② 墨辊上积存的墨量增多，油墨颗粒变粗。

③ 墨膜表面滞留的水分太多，墨铲刮墨时有水珠，加入墨斗的油墨不容易搅拌均匀，传墨辊有打滑现象。

④ 橡皮滚筒拖梢部分有水分黏流，滚筒两端有水珠滴下。

⑤ 版面经常出现浮脏或停机较久，版面水分仍未干。

⑥ 印品网点空虚，叼口印迹呈波浪发淡，墨色暗淡无光泽。

⑦ 纸张吸收过量的水，单面印刷时正反两面含水量不一致，造成纸张卷曲、软绵无力，收纸不齐。

⑧ 印刷中断前后印品墨色深浅有较大差距。

四、影响胶印产品油墨干燥的因素

① 温度。

② 湿度。环境湿度大，干燥则慢；湿度小，干燥则快。

③ 油墨性质的影响。一般地，有机颜料比无机颜料所制备的油墨干燥慢，稀薄的连结料比稠厚的连结料干燥慢，含油脂多的比含油脂少的油墨干燥慢。

④ 冲淡剂和撤黏剂的影响。冲淡剂和撤黏剂都有抑制油墨干燥的性质，所以加放量要适当。

⑤ 纸张的性质和结构的影响。纸张如果呈酸性，则印迹干燥缓慢。纸张表面粗糙，结构疏松，渗透性大，施胶度小会促使印迹干燥，反之，则印迹干燥缓慢。

⑥ 图文分布和墨层厚度影响。图文面积大且均匀，干燥快。墨层厚则干燥速度慢。

⑦ 润版液的 pH 值。润版液的 pH 值低，润版液中的氢离子浓度大，就会与干燥油中的金属盐发生置换反应，从而抑制了油墨在纸上的干燥。

⑧ 干燥剂加放过多。干燥剂加放过多，使墨质变粗，印版脏糊，网点增大、变形，带毛带刺，印迹难以干燥。

⑨ 印张堆放紧密。如果印张的面积大、纸面光滑、纸垛堆放紧密，空气很难与印刷墨迹相接触，必然使印迹干燥缓慢。

五、在海德堡 SM52 胶印机 CP2000 上调节水墨平衡的方法

① 点开海德堡 SM52 胶印机 CP2000 控制功能中的"水墨调节"功能。

② 开机、印刷、抽样后，通过墨区控制面板选择机组油墨名称和通过"+"、"−"量的操作来达到调节墨量的操作。

③ 在墨量 / 润版液菜单中，可以在某个机组油墨的菜单下使用数字键输入墨量、润版液量的数值，或者通过印刷单元下方的"+"、"−"键来达到增加、减少墨量 / 润版液的操作。

④ 几次或多次微调节直到样张颜色稳定与参考样张基本一致。

六、着水辊与印版接触压力过重所产生的影响

着水辊与印版接触压力过重会使印版表面受到过多的摩擦，造成版面图文部分很快被磨损，砂眼被磨平而产生"花版"现象。由于压力过大，还会使着水辊接触印版时发生跳动，使跳跃的部位易起油脏，下落部位在图文部分则会引起"白杠"。

任务二　胶印套印调节

技 能 训 练

一、基本要求与目的

1. 了解多色胶印套印的目的与要求。

2. 掌握在海德堡 SM52 胶印机 CP2000 控制台上进行套印调节的方法。

3. 掌握套印纵向、横向和歪斜故障的调节方法。

4. 清楚使用放大镜进行套印检查的方法。

二、仪器与设备

训练中所使用的设备是海德堡 SM52 胶印机中 CP2000 控制台，其套印的菜单如图 2-34 所示。

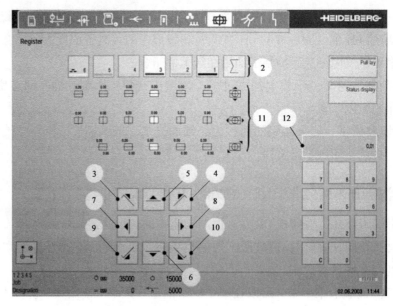

图 2-34　海德堡 SM52 胶印机 CP2000 控制台套印菜单

三、基本步骤与要点

（一）训练讲解

（1）指导教师讲解基础知识。

① 认识套印功能菜单各选项。

② 套印调整数据范围与精度。

（2）指导师傅演示操作。

（二）学生操作

① 根据印张双色套印不准的问题，进行印张套印调节。

② 根据印张三色套印不准的问题，进行印张套印调节。

③ 根据印张四色套印不准的问题，进行印张套印调节。

④ 检查套印调节后的效果，并采用工具检查套印质量。

四、主要使用工具

看样台、放大镜等。

五、时间分配（参考：60min）

① 指导教师讲解：5min。

② 指导师傅演示：10min。

③ 双色套印练习：10min。

④ 三色套印练习：10min。

⑤ 四色套印练习：15min。

⑥ 考核：10min。

六、考核标准

考核项目	考核内容	考核分数（5 分制）
使用海德堡 SM52 胶印机 CP2000 套印功能	熟练使用，调节比较准确	1
双色套印	用规定数量纸张，在指定时间内完成双色套准操作	1.5
四色套印	用规定数量纸张，在指定时间内完成四色套准操作	2.5

注：每组考核成绩优秀比例≤20%，优良比例≤50%。

七、注意事项

① 注意安全操作。

② 套印调节操作应在低速下进行。

③ 为避免大量浪费，套印检查和调节动作要快。

④ 要注意印张上不同位置的套印标志检查。

八、思考题

1. 国家印刷标准中对彩色印刷品的套印误差要求是什么？

2. 在进行套准调节时，每次可调整的最小数值范围是多少？

3. 印张上不同位置的套印不准，原因是什么？

4. 如何做到上版准确？

5. 套印操作中常用的校版方法有哪几种？在什么情况下使用这些方法？

6. 在校版或印刷过程中，为什么尽量不要前后移动前规？

知 识 链 接

一、套印误差

1. 印刷套印误差的国家标准

GB/T 18359《中小学教科书用纸、印刷质量标准和检验方法》中（e）项规定套印误差≤0.2mm。

2. 海德堡 SM52 胶印机印刷套印误差

① 对角套准：±0.15mm。

② 横向和圆周套准：±1.95mm。

3. 印刷样张上产生套印误差的主要原因

印刷中产生套印误差的原因很多，除极少数是由分色片本身套准误差大所致外，主要是环境温度湿度未得到有效控制、水墨平衡失调、设备精度有限、纸张缩胀系数不同等原因，而最关键的是管理人员和操作人员的技术水平和责任心。

二、海德堡 SM52 胶印机套准操作方法

在套准功能菜单中，可以从对角、圆周、横向各个角度来调整套准。

① 运行印刷机（不走纸），选择要调整的那个印刷单元。

② 选择需要调整的角度按键。

③ 直接点按角度按键若干次，改变数值来达到套准目的，或者用数字键输入数值来改变套印数值。

④ 走纸印刷若干样张，抽样后再次查看套准情况。重复以上步骤即可。

三、套印操作中常用的校版方法

常用的校版方法主要有拉版、借滚筒、顶版、动前规、动侧规等方法。

① 拉版。当印版图文出现歪斜，误差不大，要调整印版位置时，使用该方法。主要是在海德堡 SM52 胶印机 CP2000 控制台进行操作即可。

② 借滚筒调整套准的方法。在拉版拉平的前提下，根据印刷产品要求，通过调节印版滚筒与橡皮滚筒相对位置的改变，从而使印版图文转移到橡皮布，最后转移到承印物的图文位置发生改变。

一般在印版图文十字规矩线与纸张图文十字规矩线的差距较大，拉版不能实现套印准确时使用该方法。

③ 顶版。在海德堡 SM52 胶印机 CP2000 上套准操作达到极限或者晒版有稍许歪斜时，可以采取顶版方法。即在该机组印版叼口的定位孔上直接塞入一小片、一定厚度的纸张来达到调整目的。

④ 动前规。当印版图文十字规矩线与纸张十字规矩线误差很小时，可以考虑动前规。但最好尽量少用此方法，特别是误差稍大时不采用此方法，而尽量用拉版方法。

⑤ 动侧规。当前色印版图文十字线与后色图文十字线横向存在误差时，一般采用此方法。但也尽量少用动规矩的方法去进行套准校版。

四、套印精度分析

套印精度是衡量产品质量的重要方面。在胶印中，套印故障原因有很多。

1. 印版对套印精度的影响

在印刷中，版材的形变或体积的改变会影响套印精度。印版的变形大致由两个方面造成，第一是拉伸变形，第二是烘烤变形。拉伸变形是指在校版过程中，由于操作者在装版和拉版时用力不当，人为地造成金属版在滚筒周向延展使图文变化产生的套印不准。烘烤变形是指为提高晒制完的 PS 版的耐印力而进行烘烤时，由于烘烤不当造成印版的直线尺寸发生变化。当烘烤箱内温度过高或不均时，版基变软，影响版面的尺寸稳定性。

2. 滚筒包衬对套印精度的影响

只有在包衬后的滚筒半径相等时，才能保证印版、橡皮、压印三个滚筒的线速度一致，才能在一定的压力下有效地进行转印。

当包衬厚度过大，则使滚筒半径相应增大，在角速度相同的情况下，滚筒表面线速度加快，滚筒之间存在速度差，不但会造成版面图文的磨损，还会造成版面图文的"收缩"；滚筒包衬过薄，半径相应减少，线速度变慢，网点会在转印过程中被"拉长"，也会引起图文"放大"，造成套印不准。

3. 纸张对套印精度的影响

纸张对套印精度的影响主要来自于纸张的形变。纸张的形变是多种多样的，但归纳起来可分为两种，即自然形变和压力形变。

自然形变是纸张在无外力作用下因自身纤维吸水膨胀、脱水收缩的特性，纸张含水量随温度、湿度的改变而变化，当空气中含水量大于纸张含水量时，纸张便吸收水分，纸边伸长，呈波浪形，俗称"荷叶边"；若空气含水量小于纸张含水量，纸边放出水分，出现"紧边"现象，直到两者达到平衡为止。实验证明，相对湿度每变化10％，纸张含水量将变化1％左右与之相适应。在胶印过程中，第一色印完再套印第二色时，因纸张的伸缩造成的套印不准非常明显，尤其是那些结构疏松、施胶轻、吸水性强的纸张更加严重。

压力形变是纸张在滚筒中受到挤压作用，纤维错位而产生的直线尺寸和面积的变形。在印刷过程中，由于滚筒挤压作用，纸张从叼口部位向外呈扇面延长，越靠近拖梢的两边，套印误差越大。这种现象通常称为"甩角"。

另外，纸张裁切尺寸变化大，严重歪斜或褶皱时也会出现套印不准的现象。

4. 润版液的使用量对套印精度的影响

印刷时润版液过量会加大纸张伸长变形幅度，易引起各类印刷故障。当印版水分过大时，转印后的纸张因纤维吸收过量的水分而伸长。进行套色印刷时，纸张会因此发生不规则的变形，从而造成套印不准。另外，当纸张在一定张力下正常印刷时，如果水分突然加大，则会产生张力变化，规矩线也会变位，造成套印不准。

5. 油墨黏度对套印精度的影响

油墨黏度过大时，由于黏着力的作用，增加了纸张在橡皮布上的剥离张力。当纸张从滚筒上剥离时，受黏附力和剥离张力的作用，如果叼牙叼力克服不了剥离力时，即会发生纸张抽动，出现小小的位移。这种现象在单色胶印机上表现为套印不准，在多色胶印机上表现为重影（虚影）。另一种情况是纸张在压印滚筒叼牙和牵引力作用下从橡皮布表面剥离，使纸张拖梢部分被拉长。这种现象在下述条件下更容易产生：①油墨黏性较高；②纸张拖梢印有实地；③使用薄纸印刷；④润版液用量过多。对于多色胶印机的湿压湿印刷方式来说，当每张纸的拖梢处被拉长的程度不一致时，就产生重影弊病。

6. 印刷色序对套印精度的影响

现阶段大多使用四色胶印机，四色胶印机采用湿压湿的印刷方式。高速化使纸与滚筒间的分离速度、滚筒曲率、惯性力增大，导致生产中容易出现诸如：剥纸或拉毛、混色或色偏、背面粘脏、重影等问题。因此，四色胶印机湿叠湿印刷对印刷工艺安排的要求比较严格，除了要求印刷墨层要薄、版面水分越少越好、油墨和纸张适印性良好及印刷压力合理之外，还必须合理安排套色顺序。

从套印精度的角度出发，一般排色顺序是：①套印严格的先印，要求不高的后印；②主色在先，副色在后；③底色在先，压色在后；④几个相邻色套印宜一色接套一色，不宜同时与两个色相套；⑤线画和网点图像印刷在先，实地在后。双色或多色胶印机印刷在上述排色基础上，还应注意浅色在前，深色在后，次要图文在前，主要图文在后，耗墨量少的在前，耗墨量多的在后等。

另外，应注意套印次数不宜太多，否则因多次套印，出现误差的可能性就更大。

7. 机械方面对套印的影响

印刷纸张在机器上自始至终必须受到机器的有效控制，在传输和交接过程中相对位置必须稳定。只有这样，才能满足套印精度的要求，否则套印精度将受到极大影响。影响最大的主要有如下几种情况：①印刷设备本身精度低、误差大，即因印刷设备使用过久或保养不当造成机械磨损较大，导致设备各部件配合失调而产生套印不准。这主要表现在纸张定位即规矩部件的问题上；②纸张在传递和交接过程中，因交接不稳造成纸张相对位置发生变化而引起的套印不准。

五、套印精度的控制

针对影响套印精度的因素，采取相应的控制办法，以达到套印准确的目的。

（1）为避免烘烤后印版发生尺寸变化。在对印版进行烘烤处理时，必须做到烤箱内温度均匀，使版材均匀受热，温度不宜过高，时间不宜过长。要求精度很高的短版产品，最好不要烤版。

校版时要规范操作，版夹位置居中，印版上正，夹版螺丝紧固。拉版时，顶紧螺丝要松透。只要用力适度，一般都可避免印版拉版变形。

（2）单张纸胶印机套色印刷时，往往发生内图纵向套印不准的弊病。其特点是纵向、横向的十字线都套准了，而叼口或拖梢部位的内图，纵向却无法套准，影响产品质量。

产生这种弊病的原因，除了纸张伸缩、拉版时手势轻重等因素外，另一个重要因素是印版垫衬不准确。在一些印刷厂，操作者装版时没有用千分卡测量，靠的是眼看、手摸和经验决定印版衬垫的多少。有的机台虽配有千分卡却不使用，在"差不多"地进行垫衬，人为地造成印版滚筒直径此色时大、彼色时小的问题，致使前后内图套印不准。特别是叼口、拖梢部位有细小镂白空心字的产品，两边的空心字就很难套准。

因此，靠眼看、手摸和经验决定印版衬垫多少是不可靠的。要用千分卡测量每一块印版的厚度，然后根据标准衬垫数据，配以适当的衬纸进行垫衬。一旦生产中因衬垫疏忽造成内图纵向套印不准时，应按照计算法，增加或减少印版的衬垫数。

（3）压力的调节也是非常重要的因素。若压力调节不好，易发生印版过早磨损、套印不准等问题，影响印品的质量。理想的压力能使印迹结实、清晰、印版网点不变形地被转印到纸张上的最小压力。

要达到"理想压力"，就要严格按设计要求选用、安装衬垫。

如果不考虑其他影响（如水墨辊压力不匀，润版液 pH 值不当，机械振动、机械精度等），当衬垫所形成的压力非常接近于理想压力时，在这种压力条件下的印品质量稳定，网点结实清晰，多色套印准确，误差在 ±0.1mm 之间，印版耐印力高，网线版印数可达 3 万 ~ 5 万印（印版未经烘烤处理），文字、线条版则高于 5 万印。

在实际生产时，应根据所印纸张厚度灵活地调节滚筒间压力和衬垫物的厚度，保证压力适当。当薄纸转为厚纸时，应以两种纸厚度差为准，减小橡皮滚筒和压印滚筒中心距或橡皮滚筒衬垫。

（4）解决纸张对套印精度的影响，难度较大，相关因素也比较多。为避免纸张吸水或脱水而产生伸缩变形，提高纸张的印刷适性和稳定性，应尽量使印刷环境的温湿度保持相对恒定。一般温度控制在 18 ~ 25℃，湿度控制在 60% ~ 65%。同时，在印刷纸张上机前对纸张进行适应性处理，处理方法有 3 种：吸湿法、调湿法和冷水翻印法。其中调湿法最好，其特点是使纸张含水量为 6.5%，处于解湿和调湿的平衡状态，此时纸张不会再吸收过多水分，而且释放出的水分也有限，纸张含水量几乎不变。

（5）油墨黏性太大时，由于黏着力的作用，增加了纸张在橡皮布上的剥离张力，使纸张在叼牙中被拉出，产生套印不准。解决这一原因引起的套印不准，可以采取降低油墨黏度的方法，或者选用表面性能更好的纸张。

（6）机械引起的套印不准，主要是规矩部件和叼牙。对前规的要求是：根据纸张厚薄，正确调整高低位置，并且前规挡纸点的连线与滚筒轴线平行；对拉规的要求是：拉纸可靠，拉力适中，挡纸板与滚筒轴线相垂直。各分纸、输纸部件要与纸张直线运行。各叼牙的叼力要均匀一致，张闭的时间准确，纸张交接时要有足够的共叼时间，确保对纸张的有效控制，另外各滚筒及牙轴要保证无串动现象。

六、套印不准故障的处理

（1）了解该印刷机的结构，观察其规矩部分，前规轴适当做一些歪斜调整和前后平行调整，依次再调整侧规拉力和侧规拉纸时间，再调节输纸板台上的各拉纸轮子的压力和气体分配阀的气压。如果仍不能排除故障，就卸下前规矩检查，看该机的 4 个前规矩上装配的销轴和连板是否有磨损或松动。

（2）分析印刷样张套印误差的方向、发生的部位，并注意观察其误差大小，可根据误差的方向找出是输纸机故障，还是色组的问题。若是前者，则必须调节输纸机的各部件，主要是吹风侧拉规和吸风输纸板的风量及各传动部件；若是后者，则必须对这个机组所有传动部件，包括传纸滚筒、叼牙及其压力进行调节检查。如发现有磨损机件应更换或修复，同时还应注意叼牙排上所有叼牙的叼力是否松紧不一，如果叼牙的叼力不能保持完全一致，会造成套印失真。

（3）仔细观察套印不准所产生痕迹的形状。如一个矩形的印迹出现平行四边形的变形，说明叼口边比较准确，而其他三边平行偏移，则着重检查滚筒轴向是否平行。如果轴向不平行，则会造成滚筒的橡皮布因受到不同方向的摩擦力而发生形变，这需要校对滚筒间的间隙是否一致。

（4）注意操作过程，核查操作程序的规范性。

（5）胶印新闻纸、铜版纸都极易受潮，纸张的晾纸处理必须在晾纸车间的相对湿度高于印刷车间5%左右的条件下进行，让纸张充分吸湿，然后再将纸张送印刷车间待印，这时纸张因达到吸湿平衡点，印刷时就不会随着套印次数的增加而不断吸湿。

（6）仔细观察胶片本身质量是否稳定、输出的各胶片尺寸是否相吻合，以防晒版时，因抽气控制不准导致真空度不一样而引起印版图文发生变化。

（7）底片上套印不准的一色图和其他三色的底片重叠一起对准比较，其偏差可明显看出。采用手工排版、制作底片时，由于操作或观测的某些失误，会导致底片偏差。对此，主要是在工序上认真检验，严格把关，杜绝不合格产品流入胶印工序。

总之，套印误差来源是多方面的，它包括印前制版和印刷的整个过程，而且各种因素相互交错，在排除套印不准故障时要综合考虑。

任务三　胶印收纸调节

一、基本要求与目的

1. 掌握海德堡 SM52 胶印机收纸机构相关常用部件调节的方法。

2. 掌握不停机抽取样张的操作。

二、仪器与设备

图 2-35 所示为海德堡 SM52 胶印机的收纸机构。

图 2-35　海德堡 SM52 胶印机收纸机构

三、基本步骤与要点

（一）训练讲解

（1）指导教师讲解基础知识。

认识海德堡 SM52 胶印机收纸部分结构。

（2）指导师傅演示操作。

在调节之前，先在海德堡 SM52 胶印机 CP2000 上检查喷粉装置是否处于"打开"设置上。

① 收纸机纸堆的升降。

② 调整纸张尺寸。

③ 喷粉装置的调节。

（二）学生操作

① 收纸机纸堆的升降。

② 调整纸张尺寸。

a. 侧面两个横向挡纸规的调节。

b. 前置挡纸规的调节。

c. 后置挡纸规的调节。

③ 喷粉装置的调节。

四、主要使用工具

扳手等。

五、时间分配（参考：30min）

① 指导师傅演示：5min。

② 收纸调节练习：15min。

③ 考核：10min。

六、考核标准

考核项目	考核内容	考核分数（5分制）
侧挡纸规调节	熟练使用，调节准确	1.5
前置挡纸规调节	熟练使用，调节准确	1.5
后置挡纸规调节	熟练使用，调节准确	1.5
不停机收纸	熟练操作，没有掉张、停机等失误	0.5

注：每组考核成绩优秀比例≤20%，优良比例≤50%

七、注意事项

① 在进行更换纸堆、抽取样张或加放木楔操作时注意旋转着的链条。

② 抽样时注意纸张锋利容易划伤手指。

③ 检查喷粉装置，粉盒不能是空的。

八、思考题

1. 侧挡纸规及前、后挡纸规主要起什么作用？

2. 收纸制动辊安装在什么位置？它是靠什么方式制动的？

3. 不停机收纸的意义有哪些？

1. 海德堡 SM52 收纸机纸堆的升降

收纸机纸堆的升、降是通过安装在收纸机控制盘处的"纸堆升"、"纸堆降"按钮来完成的。

2. 调整纸张尺寸（见图 2-36）

（1）侧面两个横向挡纸规的调节。

① 将纸堆台架推入收纸机直到其止动位置；磁铁体使纸堆台架处在停止位置上。纸堆台架的星形滚轮应该指向前面的挡纸规 4。

② 按照印刷中所使用的幅面，将一张纸放到台架的中间位置，点动印刷机让横向挡纸规运行到其在机内的折返位置。

③ 利用曲柄手把 1 将机器操作面的横向挡纸规设置到与纸张幅面相同的宽度位置上。

④ 利用曲柄手把 2 将机器传动面的横向挡纸规也设置到与纸张幅面相同的宽度位置上。

（2）前置挡纸规的调节。

① 点动印刷机直到前置挡纸规运行到其在机器内的折返位置。

② 把前置挡纸规 4 抵住纸张的前边口，如果有必要的话，可以将纸张取样器的手柄 5 推入。

③ 最后将纸张顶住前置挡纸规。

（3）后置挡纸规的调节（见图 2-37）。

① 使用曲柄手把，按照纸张的长度来调整后置挡纸规。

② 松开位于横杆 3 后面的滚花头螺钉 2，移动纸张制动器 4 使其就位，最后将其固定。

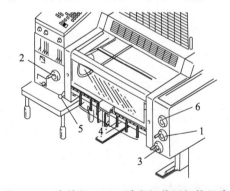 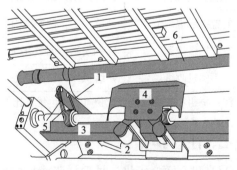

图 2-36　海德堡 SM52 胶印机收纸机构示意图 　图 2-37　海德堡 SM52 胶印机收纸机后置挡纸规示意图

1、2、3- 曲柄手把；4- 挡纸规；5- 纸张取样 　　　1- 纸张制动器；2- 滚花头螺钉；3- 横杆；
器手柄；6- 纸张早放 / 晚放控制轮 　　　　　　　4- 后置挡纸规；5- 橡胶环；6- 横向吹气管

3. 调节海德堡 SM52 胶印机中的喷粉装置（见图 2-38 和图 2-39）

喷粉的主要作用是防止印品背面蹭脏。

将粒径 10～20μm 的碳酸钙粉末装入喷粉器中，利用压缩空气配合印刷速度，有节奏地将粉末通过喷嘴喷撒在刚印刷的样张上。粉末在印张之间形成一个个小的空间或隔离层，使空气流动顺畅，供给氧化聚合干燥所需要的氧气，加速油墨干燥的速度。

下面介绍海德堡 SM52 胶印机中喷粉装置的调节。只有事先通过海德堡 SM52 胶印机 CP2000 控制台预先选择了喷粉功能，才能够使其发挥作用。

① 利用功能键 1 来检查喷粉装置。

② 利用旋钮 2 来设定喷粉量的大小。

③ 利用旋钮 3 来设置单个喷粉装置喷粉嘴的粉量大小：从左至右依次为：机器的传动面、机器的中间位置、机器的操作面。

4. 调节海德堡 SM52 收纸吹风与减速装置

根据印刷用纸幅面大小，对图 2-39 中所示的平纸器、收纸吹风、减速装置进行合适的调节，保证收纸平稳。

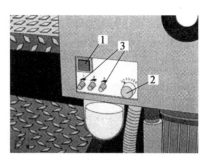

图 2-38　海德堡 SM52 胶印机
收纸机喷粉装置示意图
1- 功能键；2、3- 旋钮

图 2-39　海德堡胶印机收纸
吹风与减速装置

印刷品质量检测

任务一　印刷品质量目测与放大镜检测

技 能 训 练

一、基本要求与目的

1. 了解如何利用目测的方法对彩色印刷品的质量进行主观评价。

2. 掌握放大镜的作用和使用方法。

3. 练习印刷品目测和放大镜检测。

二、仪器与设备

训练中所使用的仪器为印刷用放大镜（见前图 1-63）。

三、基本步骤与要点

（一）训练讲解

（1）指导教师讲解印刷品主观评价的目的和方法。

（2）指导师傅演示印刷品质量的主观评价方法。

① 如何进行印刷品颜色检查。

② 如何进行印刷品层次检查。

③ 如何进行印刷品外观质量检查。

④ 如何进行印刷品清晰度检查。

（二）学生操作

① 练习如何进行印刷品颜色检查。

② 练习如何进行印刷品层次检查。

③ 练习如何进行印刷品清晰度检查。

④ 练习如何进行印刷品外观质量检查。

四、主要使用工具

10 倍放大镜。

五、时间分配（参考：60min）

① 指导教师讲解：10min。

② 指导师傅演示：5min。

③ 练习如何进行印刷品颜色检查：10min。

④ 练习如何进行印刷品层次检查：10min。

⑤ 练习如何进行印刷品清晰度检查：10min。

⑥ 练习如何进行印刷品外观质量检查：5min。

⑦ 考核：10min。

六、考核标准

考核项目	考核内容	考核分数（5分制）
主观评价	能够对给出的印刷品，利用目测方法从四个方面进行准确的主观评价	2
	能够对给出的印刷品，利用放大镜检测方法从四个方面进行准确的主观评价	3

注：每组考核成绩优秀比例≤20%，优良比例≤50%。

七、注意事项

① 印张边缘锋利，小心双手被划伤。

② 注意双手清洁，不要污损印品表面。

③ 正确记录印品质量检测数据。

④ 正确使用放大镜，轻拿轻放。

八、思考题

1. 印刷品主观评价的环境条件有什么要求？

2. 简述印刷品目测检查的程序与要点。

3. 层次检查和清晰度检查主要是对印刷品的哪些方面进行检查？

4. 印刷品质量检查的常见故障有哪些？

知 识 链 接

一、印刷品质量主观评价的主要内容及方法

1. 主要内容

① 颜色。图像整体颜色；图像局部颜色。

② 层次。图像整体层次；图像局部层次。

③ 清晰度。图像整体清晰度；图像局部清晰度。

④ 均匀性。印张图像均匀性；印张之间均匀性。

⑤ 外观质量检查。印张外观整洁，无褶皱、油迹、脏迹和指印；印张背面清洁、无脏迹。

2. 主观评价方法

评价者以复制品的原稿为基础，以印刷质量标准为依据，对照印样或印刷品，根据自己的学识、技术素养、审美观点和爱好等方面的心理印象做出评价。主要包括以下内容：

（1）颜色检查。

以样张图像和颜色控制条为对照，既看印刷图像重点部位重点颜色的再现效果，又看印刷图像颜色的整体再现效果，并结合采用印刷图像、色标、灰平衡块相结合的综合检查方法。

（2）层次检查。

以 K、C、M、Y 和 C+M+Y 叠印梯尺或印刷图像为对象，通过 10 倍放大镜分别检查亮调、中调和暗调的网点再现质量。基本要求是亮、中、暗 3 个区的阶调分明、层次清晰，小网点（2%、3%）不丢失、大网点（98%、97%）网点不糊，网点变化在标准范围之内。

（3）清晰度检查。

人眼在正常视距及照度下，观察样张细部的层次要清晰，并借助放大镜观察样张上的网点应该光洁、饱满、清晰、角度正确和套印准确，精细印刷品的套印允许误差≤0.1mm，一般印刷品的套印允许误差≤0.2mm。可以测试多种具有典型印刷故障的样张，观察同一部位网点的不同之处。

（4）外观质量检查。

图文清晰，样张整洁干净，无浮脏、色斑、条杠等缺陷。

主观评价印刷品质量主要靠目测，采用的工具主要是放大镜（放大倍率 10～25 倍）。通过放大镜可以观察印刷网点从分色片到印版，再由印版到印刷品的传递过程中在形状和大小上产生的变化，从而对网点的调值进行定性的评估；此外借助放大镜还能观察印刷套准情况等。

二、印刷行业标准《平版印刷品质量要求及检验方法》关键参数简介

1. 暗调

暗调密度范围见表 2-2。

表 2-2　印刷品密度范围

色别	精细印刷品实地密度	一般印刷品实地密度
黄（Y）	0.85～1.10	0.80～1.05
品红（M）	1.25～1.50	1.15～1.40
青（C）	1.30～1.55	1.25～1.50
黑（BK）	1.40～1.70	1.20～1.50

2. 亮调

亮调用网点面积表示。

精细印刷品亮调再现为 2%～4% 网点面积；一般印刷品亮度再现为 3%～5% 网点面积。

3. 套印

多色版图像轮廓及位置应准确套合，精细印刷品的套印允许误差≤0.10mm；一般印刷品的套印允许误差≤0.20mm。

4. 网点

网点清晰，角度准确，不出重影。精细印刷品 50% 网点的增大值范围为 10%～20%；一般印刷品 50% 网点的增大值范围为 10%～25%。

5. 相对反差值（K 值）

K 值应符合表 2-3 的规定。

表 2-3　相对反差值（K 值）范围

色别	精细印刷品的 K 值	一般印刷品的 K 值
黄	0.25 ~ 0.35	0.20 ~ 0.30
品红、青、黑	0.35 ~ 0.45	0.30 ~ 0.40

6. 颜色

颜色应符合原稿，真实、自然、协调。

同批产品不同印张的实地密度允许误差为：青（C）、品红（M）≤0.15；黑（BK）≤0.20；黄（Y）≤0.10。颜色符合付印样。

7. 外观

① 版面干净，无明显的脏迹。

② 印刷接版色调应基本一致，精细产品的尺寸允许误差为 < 0.5mm，一般产品的尺寸允许误差为 < 1.0mm。

③ 文字完整、清楚，位置准确。

任务二　印刷品质量光学密度计检测

技　能　训　练

一、基本要求与目的

1. 了解印刷密度计的工作原理。

2. 掌握印刷密度计的各项功能和使用方法。

3. 练习印刷密度计的检测与数据处理。

图 2-40　光学密度计

二、仪器与设备

训练中所使用的主要仪器为光学密度计，如图 2-40 所示。

三、基本步骤与要点

（一）训练讲解

（1）指导教师讲解彩色印刷品质量评价标准。

① 印刷品的层次阶调再现。

② 印刷网点的再现能力。

③ 印刷相对反差值（K 值）和叠印率。

（2）指导师傅演示如何使用印刷密度计测量数据进行印刷品的质量评价。

① 印刷品实地密度测量。

② 印刷网点面积测量。

③ 印刷相对反差值（K 值）和叠印率的测量。

（二）学生操作

① 练习如何进行印刷品实地密度测量。

② 练习如何进行印刷网点面积测量。

③ 练习如何进行印刷相对反差值（K 值）和叠印率的测量。

四、主要使用工具

记录笔、记录纸等。

五、时间分配（参考：60min）

① 指导教师讲解：5min。

② 指导师傅演示：5min。

③ 练习如何进行印刷品实地密度测量：15min。

④ 练习如何进行印刷网点面积测量：15min。

⑤ 练习如何进行印刷相对反差值（K 值）和叠印率的测量：15min。

⑥ 考核：5min。

六、考核标准

考核项目	考核内容	考核分数（5分制）
评价印刷品上某一颜色的印刷质量	任意选择某一色块和某一叠印色块，测量实地密度	1
	任意选择某一色块和某一叠印色块，测量网点面积	1
	通过测量的实地密度、网点面积，准确计算相对反差和叠印率	1
	通过检测数据，最终得出对印刷品印刷质量的评价	2

注：每组考核成绩优秀比例≤20%，优良比例≤50%。

七、注意事项

① 印张边缘锋利，小心双手被划伤。

② 正确使用密度计，轻拿轻放。

③ 正确记录测量数据，不得虚拟数据。

④ 注意正确的数据采集方法和数据处理技巧。

八、思考题

1. 影响印刷图像质量的主要因素有哪些？各个参数对图像的质量有何影响？

2. 什么是水墨平衡？如何借助密度计判断印刷水分的大小？

3. 密度计的测量原理是什么？

4. 印刷特性曲线的含义是什么，如何绘制？

一、印刷品客观评价的方法

近几十年来，随着印刷设备、材料和工艺的不断完善与稳定，检测仪器理论与方法的广泛应用，基于实验研究提出用数据客观评价印刷图像质量的方法，主要有如下的评价参数。

（1）阶调（层次）再现的评价。

对印刷图像阶调再现的评价就是：测量各色油墨层的实地密度；测量并计算各色油墨层的叠印率；测量印刷网点阶调增大或测量计算相对反差 K 值；检测网点的转移情况；测量并描绘印刷品对原稿的密度层次再现曲线。通过对这些客观技术数据的测量，并和本部门制定的质量规范标准进行比较，即可确定具体彩色印品的质量等级。

（2）色彩再现的评价。

印刷品对原稿或原景物色彩接近程度可通过色度测量的结果加以比较。在相似与不相似之间，掺入人们对色彩视觉心理要求，即心理上的再现程度，才能对印刷品色彩再现做出综合而全面的评价。

如果就印刷色彩对原稿色彩再现的接近程度来设定客观技术衡量尺度标准，应当包括：印刷油墨色彩再现范围的测量检验，印刷灰色平衡再现的测量检验以及相对再现程度的测量计算。

（3）清晰度再现的评价。

彩色印刷品的清晰度是图像复制再现的一个重要指标。除去为表现影像的特殊意境外，每个画面总应该有一部分层次（主体或背景）是清晰的。

对印刷画面清晰度的评价也有3个方面的相关内容：

① 图像层次轮廓的实度。

② 图像两相邻层次明暗对比变化的明晰度，也即细微反差。

③ 原稿或印刷画面层次的分辨率，也就是其细微层次的微细程度，是表现客观景物中组成物质本质面貌的，即所谓质感。

（4）彩印产品表观质量的评价。

印刷画面的表观质量包括平服细腻性、颗粒性、不均匀程度、套印误差及光泽度等，虽然不是彩色图像复制再现的主要质量指标，但却影响着印刷品的外观。

另外，印刷品有条痕、蹭脏、透背、渗墨、透印等属非正常产品，是由操作故障所致，影响印刷品的整洁，虽然也可以设立客观技术衡量标准，但目测即可直观评价其优劣。

客观评价以测定印刷品的物理特性为中心，通过仪器或工具对印刷品作出定量分析，结合复制质量标准做出客观评价，以具体数值表示。而主观评价是评价者以复制品的原稿为基础，以印刷质量标准为依据，对照印样或印刷品，根据自己的学识、技术素养、审美观点和爱好等方面的心理因素做出评价。

二、印刷网点再现能力的检测

1. 网点增大的定义与特征

图像的印刷复制是以网点为基本单元。网点在整个复制过程中经历多次传递，例如从分色片传递到印版、从印版传递到橡皮布、从橡皮布转移到纸上，网点始终处于传递变化之中，从而引起整个画面色调的变化，即引起印刷质量的变化。网点传递变化的主要特征是网点增大。

网点增大，是制版和印刷过程中产生的一种网点尺寸增加的现象，它使得印刷品实际产生的网点面积比人们所期望的网点面积大。

在印刷黑白或彩色网目调图像时，网点增大会改变画面反差并引起图像细节与清晰度的损失。在多色印刷中，网点增大会导致反差丢失，深暗的图像网点糊死，并引起急剧的色彩变化。印刷中发生网点增大对印刷质量会产生一定的影响。首先影响图像阶调的再现。网点增大影响整个画面的层次，特别是暗调部分，网点增大会使网点糊死。其次还影响图像色彩的还原，网点增大对色彩的影响比其他任何变量都大。此外网点增大还会改变画面反差，引起图像清晰度和细节的损失。掌握、控制和补偿网点增大的方法是很重要的。如果处在控制之下，网点增大本身不一定是坏事，因为网点增大是印刷中的固有现象。

2. 网点增大的测量

网点增大值通常用如下公式计算：

$$网点增大值\ Z_D = 实际网点面积\ F_D - 原版网点面积\ F_F$$

式中　Z_D——表示网点增大值；

　　　F_D——表示印刷品某部位的网点面积；

　　　F_F——表示原版相应部位的网点面积。

F_D 可由 Murray-Davis 公式计算：

$$F_D = (1-10^{-D_t}) / (1-10^{-D_s})$$

式中　D_s——表示某墨色的实地密度；

　　　D_t——表示某墨色的网点积分密度值。

网点增大值可以用印刷特性曲线表示，由于印刷本身的特殊性，网点增大的幅度是不同的，为了考察两者网点增大的幅度，把原版的网点面积和印刷品的网点增大面积的关系作出印刷特性曲线，以评价网点增大的情况。

如果印刷品上的网点能够保持原大再现原版的网点，则这条曲线是一条45°直线，但是无论打样或印刷工序，都不可避免地存在网点增大的倾向，因此不可能成为直线而形成弧线。该弧线的形状，由各网点本身的增大量所决定。由几何学可知，两点可以决定一条直线，但不能确定一条固定的曲线，若确定一条固定的曲线，必须借助第三个点，也就是说，若确定一条固定的印刷特性曲线，就要同时控制亮调、中间调和暗调这三个点的网点增大量。这就是为什么在印刷或打样中要进行三点控制的原因。

三、印刷品暗调区的密度范围

印刷品暗调区的密度范围如表2-4所示。

表2-4　印刷品暗调区的密度范围

色别	精细印刷品实地密度	一般印刷品实地密度
黄（Y）	0.85 ~ 1.1	0.8 ~ 1.05
品红（M）	1.25 ~ 1.5	1.15 ~ 1.4
青（C）	1.3 ~ 1.55	1.25 ~ 1.5
黑（BK）	1.4 ~ 1.7	1.2 ~ 1.5

四、印刷相对反差值（K值）

在印刷中总希望印刷色彩饱和鲜明，这就必须印足墨量，但是墨量不允许无限制地增加，当油墨量达到$10\mu m$厚度时，油墨即达到饱和实地密度，再增加墨量，油墨的实地密度增加缓慢或几乎不再增加，而导致网点不断增大。网点的积分密度提高，使图像的视觉反差降低。K值反映了实地密度和网点密度之间在实地密度变化过程中所产生的反差效果。在墨层较薄时，随着实地密度的增加则K值渐增，图像的相对反差逐渐增大；当实地密度达到某一数值后，K值就开始从某一峰值向下跌落，图像开始变得浓重、层次减少、反差降低。所以应以相对反差（K值）最大时的实地密度值作为最佳实地密度，相对反差K值范围如表2-5所示。

计算公式如下：$K = （D_s - D_t）/D_s$

式中　D_s——表示某墨色的实地密度值；

　　　D_t——表示某墨色的网点积分密度值（75% ~ 80%网点）。

表2-5　相对反差K值范围

色别	精细印刷品的K值	一般印刷品的K值
黄	0.25 ~ 0.35	0.2 ~ 0.3
品红、青、黑	0.35 ~ 0.45	0.3 ~ 0.4

五、叠印率（F_a）

叠印率是描述一种油墨黏附到前一个印刷表面上的能力。第一色序油墨的黏附面是纸，但接着再印刷的油墨就不同了，它可能也被印到纸张表面上，但也可能完全黏附到先印的墨层上，或一部分印到纸面上，一部分印到先印的墨层上。

网点被部分地印刷到纸上、部分印刷到墨层上是多色印刷发生的现象，四色网目调图像的网点有相当比例可能以叠印的模式印刷，暗调区和实地面的色彩总是以叠印为主。叠印状况通常是以百分比描述的，一个百分之百的叠印率意味着后印的油墨就像印在纸上一样印在先印的油墨层上。

叠印率公式 $$F_a = [(D_{21} - D_1)/D_2] \times 100\%$$

式中 F_a——第二色油墨的叠印率；

      D_{21}——叠色部位的实地密度值；

      D_1——第一色油墨印在纸张上的实地密度值；

      D_2——第二色油墨印在纸张上的实地密度值。

六、印刷品客观评价的数据处理方法

正确使用仪器，获取准确数据，一般测量三次取平均值为最终测量值，并根据相应公式可以计算出表示印刷品质量的相关参数。对于网点面积，稍有不同，除了计算出网点增大情况外，还应将所得数据和理论数据作出曲线，并对曲线进行分析，可看出在不同阶调的网点变化情况，从而可分析印刷品的质量，并可进行相应的补偿。

任务三 印刷分光光度计检查

一、基本要求与目的

1. 了解印刷分光光度计的工作原理。

2. 掌握印刷分光光度计的各项功能和使用方法。

3. 练习印刷分光光度计的检测与数据处理。

二、仪器与设备

训练中所使用的主要仪器为爱色丽 SpectroEye 分光光度计，如图 2-41 所示。

图 2-41 爱色丽 SpectroEye 分光光度计

三、基本步骤与要点

（一）训练讲解

（1）指导教师讲解。

① 简单介绍印刷分光光度计的工作原理。

② 介绍彩色印刷品色彩再现能力的评价标准。

（2）指导师傅演示。

① 如何校正印刷分光光度计。

② 如何测量印刷品色差 ΔE。

（二）学生操作

① 练习如何校正印刷分光光度计。

② 练习如何测量印刷品色差。

四、主要使用工具

记录笔、记录纸等。

五、时间分配（参考：60min）

① 指导教师讲解：10min。

② 指导师傅演示：10min。

③ 练习如何校正印刷分光光度计：10min。

④ 练习如何测量印刷品色差 ΔE：20min。

⑤ 考核：10min。

六、考核标准

考核项目	考核内容	考核分数（5分制）
分别选取一张同批次的印刷品，并对其进行色彩再现能力的评价	测量所选印刷品和标准样张上的 C、M、Y、K 色块的 Lab 值	3
	通过计算色差来分析所选印刷品的色彩再现能力	2

注：每组考核成绩优秀比例≤20%，优良比例≤50%。

七、注意事项

① 纸张边缘锋利，小心双手被划伤。

② 正确使用分光光度计，轻拿轻放。

③ 正确记录检测数据，不得虚拟数据。

④ 注意正确的数据采集方法和数据处理技巧。

八、思考题

1. 简述色彩再现能力在彩色印刷品评价中的重要性。
2. 简述印刷分光光度计与印刷密度计工作原理的差异。
3. 印刷分光光度计检测的具体程序与方法是什么？
4. 简述印刷品色差大小与彩色印刷品质量的关系。

一、印刷分光光度计的基本组成

分光光度计跟眼睛不同，眼睛是同时在感受的全部波长上评价接受的光能，而反射曲线的测量必须逐波长地进行。这就必须把光源的光在各个波长上进行分解，这既可以在照射样本之前分解成单色光，也可以在从样本上反射之后进行分解。几乎所有的新型仪器都按后一种方式工作，只有这样才能对具有荧光性质的样本进行正确的测量。

（1）光源。测量所用的照明必须包含可见光谱的全部波长。测量发荧光的样本时，反射率曲线和由反射率曲线算出的三刺激值要正确地再现视觉色彩，测量所用光源的辐射分布要符合彩色匹配要求的辐射分布。

（2）光的色散。为了逐波长地测量样本的反射率，必须对样本反射的光进行色散。散光的传统元件是用棱镜，但在现代仪器中则常用弯曲光栅。色散光的第三种可以选择的元件是彩色干涉滤色片。

（3）测量的几何条件。人们用视觉匹配样本的色彩时，被评判的样本应放在临北面窗口的桌子上被漫射的自然光照明。这时，只有在某个方向反射并达到眼睛的光被观察到。测量色彩时不用日光照明，而是用模拟日光的光源照明，两者关系是相似关系。 大多数分光光度计有一个称为积分球的元件。光源放在球内或至少放在球旁边，以便用扩散的光照明球壁。小球上有一或两个小孔，以便放置被测样本或标准白板。最常用的孔径是 $2 \sim 3cm$，孔径小于 $0.5cm$ 时只作为特别附件提供。由于技术上的原因，大于 $5cm$ 的孔径不常用。被测样本的大小经常是不一样的，应该使孔径像样本那样大，但孔径大于 $5cm$ 时，测量结果容易出现不均匀性（不像较小的孔那样稳定）。 在用积分球测量的情况下，样本上表面的结构只是一个次要的因素。这就是说当样本以不同的方向放在测量孔下测量时，测量值的变化是较小的。即使这样，样本还是应当保持相同的方向放置。

（4）传感器。在分光光度计中，传感器是用光电池、光电二极管或光电倍增管装配成的。以前通常只用一个传感器，单色光按时间顺序照射在传感器上并被量化。为了改善测量速度，一些新式仪器配备了 16 个传感器，可以同时对 16 个波长进行测量（从 $400 \sim 700nm$，间距 $20nm$）。

（5）仪器的标定。现在仪器的标定比以前简单得多，因为几乎所有通过机械调节并用数学方法校正的方式都已被取代。尽管如此，也不要忘记标定，因为一个分光光度计的测量值在很大程度上取决于仔细的、定期的标定。

（6）一个仪器的短时间可重复性是重要的，特别在质量控制中测量色差时是这样。一个短时间重复性不好的仪器是不符合技术要求的，可以把样本放在检测头下连续地进行测量，得到的反射率值不应有大于 0.02% ~ 0.03% 的差别，然后用测得的值计算色差 ΔE（指 ΔE^*_{ab} 值），可用全部测量值的平均值或第一次测量值做基准值，ΔE 的值不应大于 0.05 ~ 0.01，现代测色系统一般都能满足这个要求。

长时间可重复性对于配方计算是重要的，因为着色剂和样本要在不同的时间进行测量（放置时间甚至不只一年）。长时间稳定性可以通过一个长时间稳定的样本进行检查，色差应该不大于 1。对于好的仪器来说 $\Delta E = 0.5$。

（7）色度计（三滤色片测色仪器）的精度。三滤色片测色仪器在过去是工业上应用范围很广的测色仪器。为了模仿人的视觉过程以便提供符合标准的测量值，必须采用标准光源（光源辐射分布的转换是用滤色片）照明要评判的样本，传感器的灵敏度也要用滤色片转换成与观察者的视觉灵敏度相吻合，然而多数只安装一组滤色片，同时完成这两项任务。这种仪器的优点是具有很好的短时间可重复性。缺点在于，由于视觉灵敏度跟滤色片—传感器的关系难以调节正确，所以这种仪器的绝对精度不好。虽然色差测量的绝对精度是作为高阶偏差考虑的，但在有些色度计中，这种偏差是如此之大，以致于只能用它测量色差较小和同色异谱很小的样本。通常产品质量控制就属于这种情况，在这种场合下，较老的三滤色片色度计也能取得好的效果。

二、印刷分光光度计的检测原理及优势

分光光度计的分光原理基本有 3 种：旋转滤色片分光法、散射棱镜分光法、衍射光栅分光法。第一种方法是在圆盘上安装 20 ~ 30 个窄带滤色片，通过旋转圆盘来实现分光。后两种方法是利用光的色散，把光源的复合辐射分解成不同波长的单色辐射，并按一定的顺序排列，使用的色散元件是棱镜或衍射光栅。例如海德堡 CPC2 上的扫描式分光光度计就是建立在衍射光栅原理基础上的。分光光度测量是将整个可见光谱等间隔取点测量光谱反射量，跟光电色度计相比，分光光度测量法可以看成是连续地对光谱测量，它提供的颜色信息要多得多，丰富得多。

色彩是印刷复制的最关键要素，在印刷生产流程中，如何保证色彩真实再现是一个世界性难题。目前采用数字化的色彩管理，对生产流程中各生产环节进行色彩特性的描述，是实现色彩准确再现的最好方法，而其前提与基础是色彩测量数据的准确性。现阶段，密度测量在一部分印刷企业中已经显示出优越性。密度测量值能够反映墨层厚度的信息，并指导网点增大的控制，通过密度测量的数据来控制印刷质量，方便可靠，已经深受人们信赖。但是密度值却不能直接反映图像颜色对于人眼的刺激，它用于监测印刷色差时基本上可以起到监控效果，但存在一定的误差，表征颜色还不够精确，也不利于同客户进行数据交流，因此衍生出色度测量。色度测量能更好地反映色视觉心理和生理规律，提供更详尽的色彩信息，对印刷色彩管理起到了很好的促进作用。

分光光度计比密度计和色度计都更贴近人眼的视觉反应，因为它测量的是整个可见光谱的反射光量，但又和人眼不同。眼睛是在同时感受全部波长的基础上评价光，而印刷品的反射光谱的测量必须逐个波长地进行，这就必须在光谱进入到光电接受器前，把光谱在各个波长进行分解，目前大多数分光光度计都采用在反射光路上进行分光，而且并不是真正的分光，只是对预定的波长测量进行一个累加而非积分的求和运算。

分光光谱数据定义的颜色更完整，测量精度很高，并可测量专色，光谱数据经计算还可得到密度值和色度值。适用于色彩管理过程中对专色的评价、光谱分析与颜色评价，以及设备色彩特性文件的制作。理论上讲，所有的油墨，无论是四色油墨还是专色油墨，都可以利用分光光度计进行测量。系统自动将测得的数据与目标颜色值进行比较，并将比较的结果显示在屏幕上。如果选定的是密度值，那么可以用传统的方法对质量进行判定；如果选择的是 Lab 值，可以通过 ΔE 值直观地判断出颜色的偏差，偏差数量的多少将在一个图表中显示出来。操作者可根据图表上的数据来判断哪个区域的颜色是正确的，哪个区域的墨大了或墨小了。如果操作者决定对颜色进行调整，分光光度计还会通过联机控制，只需按一个按钮即可将推荐的调整数据发送给墨区设置。

除了在印刷过程中控制墨区墨量，分光光度测量法还有其他一些优点。在色彩管理实施的过程中，为了使印刷品在输入到输出的各个环节中保证颜色的准确性和一致性，需要利用 ICC Profile 特性描述文件对每一个环节进行色彩管理，分光光度的测量方法为实现 Profile 特性描述文件的制作提供了前提和保证：因为 Profile 只支持 Lab 或者 XYZ 值，而不支持密度值。

三、色差的计算公式

① 测出两组 Lab 值，得到其差值后，再利用公式 $\Delta E_{ab}^* = \sqrt{(\Delta L^*)^2 + (\Delta a^*)^2 + (\Delta b^*)^2}$ 计算两者之间的色差值。

② 国家标准中对彩色印刷品的同批同色色差要求为：一般产品 $\Delta E \leqslant 5.00 \sim 6.00$，精细产品 $\Delta E \leqslant 4.00 \sim 5.00$。按照产品质量要求，如果测得两色块的 ΔE 值大于标准范围，应视为不合格。

彩色数字印刷

一、基本要求与目的

1. 了解彩色数字印刷机的工作原理。

2. 掌握静电型彩色数字印刷机 HP indigo1050 的基本操作。

3. 能够独立完成一项数字印刷任务。

二、仪器与设备

训练中所使用的主要设备为静电型彩色数字印刷机 HP indigo1050，如图 2-42 所示。
图 2-43 为其操作界面截屏图。

图 2-42　静电型彩色数字
印刷机 HP indigo1050

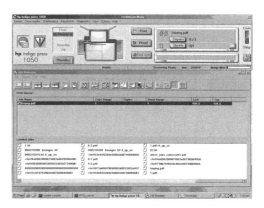

图 2-43　静电型彩色数字印刷机
HP indigo1050 界面截屏图

三、基本步骤与要点

（一）训练讲解

（1）指导教师讲解静电型数字印刷机的成像原理和操作步骤。

① 静电型彩色数字印刷机 HP indigo1050 的成像原理。

② 上纸台的操作要点。

③ 数字印刷机操作软件的使用要点。

④ 数字印刷机的颜色校正。

（2）指导师傅演示数字印刷机的操作。

① 上纸方法演示。

② 建立新的印刷任务演示。

③ 印刷参数设置演示。

④ 样张印刷演示。

⑤ 颜色校正演示。

（二）学生操作

① 上纸练习。

② 练习如何建立新的印刷任务。

③ 练习如何设置印刷参数。

④ 练习如何校正颜色。

四、主要使用工具

分光光度计。

五、时间分配（参考：60min）

① 指导教师讲解：10min。

② 指导师傅演示：10min。

③ 上纸练习：5min。

④ 练习如何建立新的印刷任务：10min。

⑤ 练习如何设置印刷参数：5min。

⑥ 练习如何校正颜色：10min。

⑦ 考核：10min。

六、考核标准

考核项目	考核内容	考核分数（5分制）
上纸	将合适规格的纸张放在上纸台上，并调好规矩	1
样张印刷	在规定时间内，按照印刷参数要求，完成一个标准样张的印刷	3
校正颜色	使用分光光度计，准确校正印张颜色	1

注：每组考核成绩优秀比例≤20%，优良比例≤50%。

七、注意事项

① 纸张边缘锋利，小心双手被划伤。

② 纸张整理时，必须保证双手清洁。

③ 堆纸时，不得影响到下面已放齐的纸堆。

④ 机器开动前记得放下机器上的盖子，如果为了演示而打开盖子，请注意稍微远离主操作台。

⑤ 未经指导教师或师傅允许，不得随意进行操作，以免损坏设备。

八、思考题

1. 静电型彩色数字印刷机 HP indigo1050 的成像原理是什么？

2. 图像油在印刷的过程中起到哪几个方面的作用？

3. 静电型彩色数字印刷机 HP indigo1050 中可以设置的参数有哪些，各起什么作用？

4. 如何通过分光光度计进行印张的颜色校正？

一、数字印刷的基本类型

① 电子照相（Electrophoto graphic）：又称静电成像（Xerography）技术，利用激光扫描的方法在光导体上形成静电潜影，再利用带电色粉与静电潜影之间的电荷作用力将色粉影像转移到承印物上完成印刷，是应用最广泛的数字印刷技术。

② 喷墨印刷（Ink-jet printing system）：将油墨以一定的速度从细微的喷嘴射到承印物上，然后通过油墨与承印物的相互作用实现油墨影像再现。按照喷墨的形式将它分为：按需（脉冲）喷墨（Drop-on-demand 或 impulse）和连续喷墨（Continuous inkjet）。

③ 其他：电凝成像技术（Elcography），磁粉成像技术（Magnctography），电子束成像技术（Blectron-Beam Imaging），磁粉喷墨技术（Toner Jet）。

二、静电型彩色数字印刷机 HP indigo1050 的基本知识

1. 印刷机的基本组成

印刷机分为五个基本部分：印刷引擎、墨柜、机柜、进纸台和收纸装置。印刷机最多可使用四个连接的收纸装置（见图 2-44）。

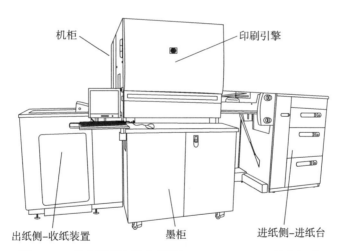

机柜　　　　印刷引擎

出纸侧–收纸装置　　　墨柜　　　进纸侧–进纸台

图 2-44　静电型彩色数字印刷机 HP indigo1050 基本组成

其中印刷引擎又由 DEV（显影鼓）、PIP（成像鼓）、ITM（橡皮布）和 IMP（压印鼓）组成（见图 2-45）。

2. 成像原理

① 充电：充电器给 PIP 均匀充上 –800V 电荷。

② 放电：激光头获得图像服务器的信号对图像区进行扫描，PIP 有机光导体一旦经过激光束的扫描将会生成电荷，从而使图像区的电荷变为 –100V，而背景区没有激光束的扫描，所以仍为 –800V 电荷。如图 2-46 所示。

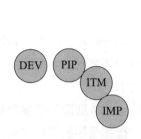

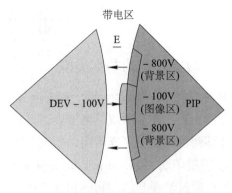

图 2-45　静电型彩色数字印刷机
HP indigo1050 工作原理

图 2-46　静电型彩色数字印刷机
HP indigo1050 油墨转移示意图

③ 显影：若 DEV 显影滚筒上带有 –400V 电荷，当带有少量负电荷的电子油墨从 DEV 和 PIP 中间喷出，根据电势原理，带电油墨留在图像区，而背景区的油墨会被电势高的 DEV 带走。

④ 转印：通过橡皮滚筒将可视的图像区转印到承印载体上，经定影后形成稳定的图像信息。

3. 操作步骤

① 打开稳压电源，开机。

② 等电脑启动稳定后，屏幕上出现 turn on press 时，开启位于机器侧面的 turn on 按钮。

③ 用鼠标点击系统软件上的 steady by，等机器发出提示声后，机器就可以工作。

④ 可将做好的文件拷入电脑桌面上的文件夹 short to color，并在 job manager 中对文件进行编辑。

⑤ 将需要输出的文件放在 job manager 中的灰色区域中，点击 proof 或 print，即可印刷。

4. 色彩管理

HP Press Production Manager 为需要对颜色工作流程进行完全控制的用户提供自动颜色管理和高级颜色选项（见图 2-47）。

① 自动颜色管理：HP Press Production Manager 无须操作员干预即可产生可以立即使用的优质颜色。

② 高级功能：此系统支持使用 PostScript CIE（Commision Internationale del'Echlairage）颜色或 PDF ICC（国际色彩合作组织）配置文件进行颜色管理。

③ ICC 配置文件管理器：ICC 配置文件管理器用于产生与国际标准一致的颜色。

图 2-47　静电型彩色数字印刷机
HP indigo1050 色彩管理截屏图

5. 印刷品质量检测

随着电子和计算机技术的发展，数字印刷已经成为印刷业的发展趋势。由于数字印刷的作业特点，无法将用于模拟印刷的测控条输出到胶片再印刷到纸张上，作为制版、印刷质量检验与控制的手段。任何工业生产均需要按照规定的质量标准进行，数字印刷产品的质量标准可参照传统印刷工艺制订的标准执行。但数字印刷只有产品质量检验标准是不行的，也需要有实现产品质量检验和控制的具体手段，这就需要设计出既能控制印刷过程又能控制制版质量的数字控制条。为此，瑞士印刷科学研究促进会 UGR 和德国印刷研究协会 FOGRA 开展了制订激光成像数字印刷测控条的合作，也即是现在实际应用中较典型的UGRA/FOGRA PostScript 数字印刷控制标版。

UGRA/FOGRA PostScript 数字印刷控制标版是用于电子印刷的质量控制工具，用 PS 语言写成。它定义了一套测试图像，如图 2-48 所示，包括 7 个功能组和一个用于各色版套印的定位标尺。具有与 PostScript 印刷机、激光照排机和电子出版系统相匹配的精度，特别适合于数字印刷系统的质量控制，是控制数字印刷输出设备生产条件的有效工具，它可以用来检测图像分辨率（包括水平和垂直方向的分辨率），亮调和暗调范围，套印精度，黄、品红、青、黑四色再现曲线等。

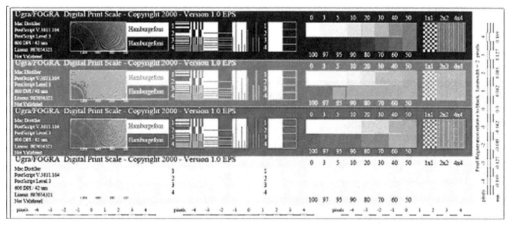

图 2-48　UGRA/FOGRA PostScript 数字印刷控制标版

6. 常见故障与解决

① 及时补充图像油、油墨和纸张。

② 进纸端因纸张粘连而造成卡纸（paper jam）。由于环境的湿度太小，纸张之间由于静电作用而粘连，应使用加湿器或在机器周围洒水等使环境湿度增大，再继续使用机器。

③ 印刷品上有脏点。橡皮布过脏引起，可用无纺布蘸图像油或酒精擦拭橡皮布，注意刚打开橡皮布盖的时候，温度过高，以免烫伤。

④ 卡纸。打开出纸端，点击压印鼓的旋转钮，将纸张拿出。

⑤ 印刷品上多处不清晰。此时应检查压印纸，如已损坏，则更换压印纸。

项目五

模拟印刷系统

任务一　SHOTS 模拟软件虚拟胶印

一、基本要求与目的

1. 了解虚拟胶印机的结构和印刷原理。

2. 掌握 SHOTS 模拟胶印软件的操作方法。

3. 独立完成 SHOTS 模拟胶印软件的印刷练习。

二、仪器与设备

图 2-49 所示为 SHOTS 模拟胶印软件系统的截屏图。

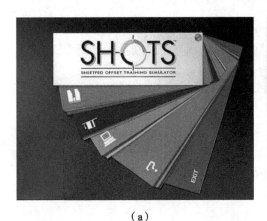
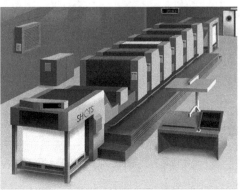

（a）　　　　　　　　　　　　　　（b）

图 2-49　SHOTS 模拟胶印软件系统的截屏图

三、基本步骤与要点

（一）训练讲解

① 讲解 SHOTS 模拟胶印软件的基本作用。

② 讲解和演示系统基本界面和各组成部分的作用。

③ 讲解和演示印刷大厅里各组成元件的作用。

④ 讲解和演示印刷机操作台上各控制键的作用。

⑤ 讲解和演示如何操作印刷和检查印刷样张。

（二）学生操作

① 学习系统界面和各组成部分的作用。

② 学习印刷大厅里各组成元件的作用。

③ 练习如何操作印刷机操作台上各控制键。

④ 练习如何操作印刷和检查印刷样张。

四、主要使用工具

SHOTS 模拟胶印软件。

五、时间分配（参考：60min）

① 指导教师讲解和演示：20min。

② 学习系统界面和各组成部分的作用练习：5min。

③ 学习印刷大厅里各组成元件的作用练习：5min。

④ 练习如何操作印刷机操作台上各控制键：10min。

⑤ 练习如何操作印刷机，并检查印刷样张：10min。

⑥ 考核：10min。

六、考核标准

考核项目	考核内容	考核分数（5 分制）
查看模拟胶印机组成元件的状态	能够从打开软件开始，直到找到教师规定的某一印刷机组成元件，并且查看此组成元件的状态或参数	2
测量样张	取一张新样张，并利用工具分别测量新样张和理想样张的某一颜色的密度值和网点面积值	3

注：每组考核成绩优秀比例≤20%，优良比例≤50%。

七、注意事项

① 系统电脑比较贵重，请大家操作的时候小心，不得造成损坏。

② 请不要利用电脑做与实训课程不相关的事情，例如：打游戏等。

③ 遇到死机或其他故障请联系指导教师，不得自行随意重新启动系统。

④ 保持实验室的卫生，不准带食物进实验室。

八、思考题

1. 简述虚拟胶印的工作原理。

2. 虚拟胶印机操作台上各组成部分的作用是什么？

3. 简述操作虚拟胶印机的基本程序。

4. 模拟软件中如何检查虚拟胶印印刷品质量？

一、虚拟胶印操作的基本程序

（1）打开桌面上的 SHOTS 软件，进入如图 2-49（a）所示界面。

其中各个图标的意思如下。

① █ 理想状态的印刷大厅模式，这里没有错误或故障，是一个浏览 SHOTS 印刷车间和印刷样张的理想地方。

② █ 里面有预设的练习，可以学习和提高对印刷故障的理解和解决技巧。

③ █ 进入后，可选择语言、设置单屏或双屏显示，以及声音的开关，通常由系统管理者和授训者来选择。如果觉得设置不对，可以联系指导教师。

④ █ 在此可以找到参与 SHOTS 模拟软件及核心胶印知识开发的合作伙伴的名单，用图像显示的，单击图像即可返回主菜单。

⑤ █ 单击退出 SHOTS 模拟软件，返回桌面。

（2）点击，进入理想印刷大厅。

模拟软件打开的速度依电脑性能的不同而不同。模拟软件打开后，会出现一个提示窗口，如图 2-50 所示，里面有一些关于即将进入的印刷机的信息，若是启动练习，通常这样的提示窗口会包含一些练习的提示、如何解决练习中故障的信息。

单击"好"按钮完成模拟软件的启动。

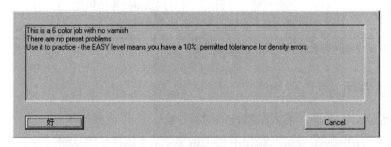

This is a 6 color job with no varnish
There are no preset problems
Use it to practice - the EASY level means you have a 10% permitted tolerance for density errors.

好   Cancel

图 2-50　SHOTS 模拟胶印软件系统设置截屏图

（3）印刷大厅如图 2-49（b）所示，这是一个可印 6 色，具有上光功能的单张胶印印刷机。在印刷机的远端进纸，在近端收纸。虽然此印刷机可印 6 色，但在信息窗中可以看到，在当前状态下只使用了 4 色，在印刷机结构中可见黑、青、品红、黄四色是开启的。

在印刷大厅移动鼠标指针，当停到组件上的时候，组件周围出现白色方框，同时也会弹出黄色的信息提示框，在提示框中显示所指组件的名称。单击组件可以看到更多的内容。主要包括：操作台、印刷机组、输纸装置、上光单元、干燥装置、退出/关闭、SHOTS、润版液调整、取样、给纸定位装置、喷粉、空调、收纸装置。

（4）点击操作台，进入操作面板（见图2-51）。

操作台有6个面板，每个面板分别控制着模拟软件的不同功能。通过面板下方的6个按钮可以选择相应的功能。而当前正在选用的功能则高亮显示。

① 启动印刷机：▢ 为开机图标；▢ 为启动进纸装置图标。机器运转后，按钮变色如图2-52所示。

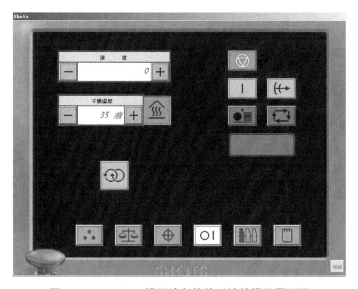

图2-51 SHOTS模拟胶印软件系统的操作界面图

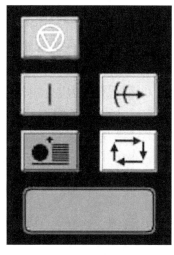

图2-52 SHOTS模拟胶印软件
系统的印刷启动界面图

② 关机：先点 ▢ 停止进纸，再点 ▢ 关机。

③ 急停：▢。

④ 返回印刷大厅：▢。

（5）在印刷工作台中获取样张，印刷工作台是一个可以获取和观察印刷样张的地方。如同实际印刷一样，每次印刷设置发生改变，必须印刷抽样检查。由于配置了双屏幕显示，所以在另一屏幕上可以看到如图2-53所示的界面。

单击第一个取样按钮 ▢，即可显示刚刚印刷出来的新样张。

注意：如果窗口里显示一个大的红色"×"，如图2-54所示，表示印刷机没有开机或没有正确进纸，返回检查印刷机是否已经开机，是否正在运转。

图 2-53 SHOTS 模拟胶印软件

系统的印刷工作台界面图

图 2-54 SHOTS 模拟胶印软件

系统的图像故障界面图

二、模拟胶印印刷品的质量检测

主要使用印刷工作台来获取和观察印刷样张。

（1）观察印刷样张。

① 为获取新样张图标。

② 为全屏显示图标。

③ 为可放大左上方、右上方、左下方、右下方的图标。

④ 为反面显示图标。

⑤ 为显示标准样张和印刷样张的对比图标。

（2）测量印刷样张。

① 为工具箱图标。

② 为放大镜图标，点击后选取印刷样张上的某部分，如图 2-55 所示。

③ 为手动密度计图标，点击进入如图 2-56 所示的界面，选取印刷样张上的某部

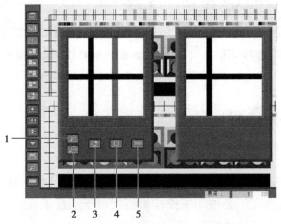

图 2-55 SHOTS 模拟胶印软件系统的

印刷质量检查界面图

1- 放大系数为 8 倍；2- 放大系数为 50 倍；3- 查看印
张背面的相同位置；4- 在样张上选择一个新区域，并
用放大镜放大显示；5- 关闭放大镜

图 2-56 SHOTS 模拟胶印软件

系统的手动密度计界面

分，可测量其密度、油墨转移率和网点增大。

④ 为联机密度计图标，点击可进入如图 2-57 所示界面，图中上部分可以选取相应的颜色，下面是分墨区的具体密度值，例如：图中所示的为青色油墨在 20 个墨区的实际密度值，理想值为 1.1，最大值为 1.37，所以此图青色密度在 4～14 墨区的密度值太高，应分墨区调整墨量。

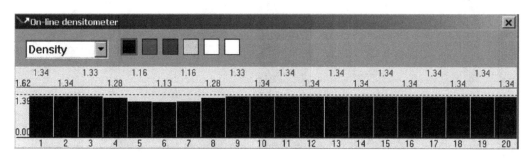

图 2-57　SHOTS 模拟胶印软件系统的联机密度计界面图

⑤ 为光泽度计图标，是用来测量样张或原稿上任何区域内从亚光（无光泽）到压光（有光泽）到高光（超级压光）等光泽度特性指标的工具。如图 2-58 所示，在测量样张时，光泽度值以红色显示，对于原稿的测量，则光泽度值以绿色显示。

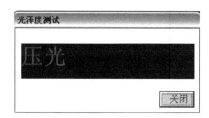

图 2-58　SHOTS 模拟胶印软件
系统的光泽度测试界面图

任务二　模拟胶印故障解决练习

技 能 训 练

一、基本要求与目的

1. 了解模拟胶印的印刷流程和印张的获得。

2. 掌握模拟典型胶印故障和解决方法。

二、仪器与设备

训练中所使用的主要软件为 SHOTS（见前图 2-50）。图 2-59 为模拟胶印印刷品。

图 2-59　模拟胶印印刷品

三、基本步骤与要点

（一）训练讲解

①讲解和演示如何调节胶印墨量大小。

②讲解和演示如何调节胶印水墨平衡。

③讲解和演示如何调节胶印套准。

④讲解和演示如何做练习题。

（二）学生操作

①练习如何调节胶印墨量大小。

②练习如何调节胶印水墨平衡。

③练习如何调节四色胶印套准。

④练习解决典型胶印故障的练习题。

⑤有兴趣的同学可以自己尝试解决模拟胶印的其他故障（在完成规定练习题后）。

四、主要使用工具

SHOTS 模拟胶印软件。

164

五、时间分配（参考：60min）

① 指导教师讲解和演示：15min。

② 练习如何调节胶印墨量大小：5min。

③ 练习如何调节胶印水墨平衡：5min。

④ 练习如何调节胶印套准：5min。

⑤ 做解决典型胶印故障的练习题：10min。

⑥ 考核：20min。

六、考核标准

考核项目	考核内容	考核分数（5分制）
10个练习题	在规定的时间内做解决2个模拟胶印故障练习题	3
	在规定的时间内做解决4个模拟胶印故障练习题	4
	在规定的时间内做解决6个模拟胶印故障练习题	5

注：每组考核成绩优秀比例≤20%，优良比例≤50%。

七、注意事项

① 系统电脑比较贵重，请大家操作的时候小心，不得造成损坏。

② 请不要利用电脑做与实训课程不相关的事情，例如：打游戏等。

③ 遇到死机或其他故障请联系指导教师，不得自行随意重新启动系统。

④ 同学之间可以互相协商，但不得代做练习。

八、思考题

1. 胶印水墨不平衡后样张会呈现什么状态？

2. 请利用 SHOTS 软件查看由胶印机的3个重要部件刮墨刀、印版滚筒和橡皮布所引起的主要故障有哪些？

3. 如何检查发现印张上的印刷故障并确定类型？

4. 简述模拟胶印故障的解决程序和要点。

知 识 链 接

一、常见胶印故障

（1）不上墨（见表2-6）。

表2-6 不上墨故障分析

故障出现位置	具体问题	故障原因
印版	印版处理（阿拉伯树胶）	太低

续表

故障出现位置	具体问题	故障原因
印版滚筒包衬	厚度	太高
水斗辊	转速	太高
计量辊	位置／水斗辊	太低或太高
着水辊－印版	水平方向上的间隙	太低或太高
着水辊－印版	垂直方向上的间隙	太低或太高
计量辊－水斗辊	水平方向上的间隙	太低或太高
计量辊－水斗辊	垂直方向上的间隙	太低或太高
水斗辊－着水辊	水平方向上的间隙	太低或太高
水斗辊－着水辊	垂直方向上的间隙	太低或太高
着水辊	周向承受的距离／印版	太低或太高
计量辊	旋塞位置的间隙	太高
着水辊	位置／水斗辊	太低或太高
印版	出现的树脂添加物	太高

（2）堆版（堆墨）（见表2-7）。

表2-7 堆版（堆墨）故障分析

故障出现位置	具体问题	故障原因
油墨	黏性	太低
油墨	黏性	太高
橡皮滚筒包衬	厚度	太低
橡皮布	表面黏性状况	—
橡皮滚筒	周向承受的位置／压印滚筒	太高
上光滚筒	位置／压印滚筒	太高
空调	温度调整	太低
空调	功率	太低
空调	开／关	未开启
其他	温度	太低

（3）偏色（见表2-8）。

表2-8 偏色故障分析

故障出现位置	具体问题	故障原因
印版滚筒包衬	厚度	太高
着水辊	周向承受的距离／印版	太高

（4）色差（见表2-9）。

表2-9　色差故障分析

故障出现位置	具体问题	故障原因
串墨辊	串动	无
墨区	上墨量	太低或太高
墨斗	水平	太低
墨斗辊	转角	太低或太高
串墨辊	开始串动	左
着墨辊	串动	—
着墨辊	周向承受的距离/印版	太低或太高
墨斗辊－串墨辊	水平方向上的间隙	太低或太高
着墨辊－串墨辊	水平方向上的间隙	太低或太高
墨斗辊－传墨辊	水平方向上的间隙	太低或太高
墨斗辊－串墨辊	垂直方向上的间隙	太低或太高
着墨辊－串墨辊	垂直方向上的间隙	太低或太高
墨斗辊－着墨辊	垂直方向上的间隙	太低或太高
印版滚筒包衬	厚度	太低或太高
水斗辊	转速	太低或太高
计量辊	位置/水斗辊	太低或太高
着水辊－印版	水平方向上的间隙	太低或太高
着墨辊－印版	水平方向上的间隙	太低或太高
着水辊－印版	垂直方向上的间隙	太低或太高
着墨辊－印版	垂直方向上的间隙	太低或太高
计量辊－水斗辊	水平方向上的间隙	太低或太高
计量辊－水斗辊	垂直方向上的间隙	太低或太高
水斗辊－着水辊	水平方向上的间隙	太低或太高
水斗辊－着水辊	垂直方向上的间隙	太低或太高

（5）重影（见表2-10）。

表2-10　重影故障分析

故障出现位置	具体问题	故障原因
橡皮布	张紧度	太低
橡皮滚筒包衬	厚度	太高
橡皮滚筒	周向承受的位置/压印滚筒	太低
上光滚筒	位置/压印滚筒	太低

续表

故障出现位置	具体问题	故障原因
叼牙	打开的间隙	太低或太高
侧齐纸板	位置／纸堆	太低或太高
前齐纸板	位置／纸堆	太低或太高
挡纸片	与纸堆间的间隙	太低或太高
压纸吹嘴	间隙／纸堆	太低或太高
压纸吹嘴	压力	太低或太高
导纸轮	压力	太低或太高
输纸台吸气压缩机	吸气量	太低或太高
双张检测器	高度	太低或太高
松纸吹嘴	间隙／纸堆	太低或太高
递纸吸嘴	大小／纸堆	太低或太高
给纸堆	不平整	太高
给纸堆	含水量	太高
其他	湿度	太高

（6）糊版（见表 2–11）。

表 2–11　糊版故障分析

故障出现位置	具体问题	故障原因
墨区	墨量大小	太高
油墨	黏度值	太低
墨斗辊	转角	太高
着墨辊	周向承受的距离／印版	太低
印版滚筒包衬	厚度	太低或太高
墨斗辊	水平	太低
印版	印版处理（阿拉伯树胶）	—
水斗辊	水平	太高
墨辊	直径不正确	过大或过小
墨辊	辊间的压力	太高
印版	印版是否清洗	—

（7）墨大（见表 2–12）。

表 2–12　墨大故障分析

故障出现位置	具体问题	故障原因
墨区	墨量大小	太大
墨斗辊	转角	太大

续表

故障出现位置	具体问题	故障原因
印版滚筒包衬	厚度	太低
水斗辊	转速	太高
计量辊	位置 / 水斗辊	太高
着水辊 – 印版	水平方向上的间隙	太低或太高
着水辊 – 印版	垂直方向上的间隙	太低或太高
计量辊 – 水斗辊	水平方向上的间隙	太低或太高
计量辊 – 水斗辊	垂直方向上的间隙	太低或太高
水斗辊 – 着水辊	水平方向上的间隙	太低或太高
水斗辊 – 着水辊	垂直方向上的间隙	太低或太高
着水辊	周向承受的距离 / 印版	太高
计量辊	转角位置间隙	太低或太高
润版液水箱	酒精自动添加	太低
着水辊	位置 / 水斗辊	太高
墨辊	辊间的压力	太高或太低
纸堆中的纸张	吸水性	差

（8）脱粉掉毛（见表 2-13）。

表 2-13　脱粉掉毛故障分析

故障出现位置	具体问题	故障原因
油墨	黏度值	太高
橡皮布	表面黏度状况	—
纸堆中的纸张	纸张表面结构质量和抗张力	较脆

（9）周向墨杠（见表 2-14）。

表 2-14　周向墨杠故障分析

故障出现位置	问题	故障原因
墨辊	具体直径不正确	—

（10）轴向墨杠（见表 2-15）。

表 2-15　轴向墨杠故障分析

故障出现位置	具体问题	故障原因
着墨辊	表面状况差	—
着墨辊	周向承受的距离 / 印版	太低
印版滚筒包衬	厚度	太高
橡皮布	张紧度	太低

续表

故障出现位置	具体问题	故障原因
包衬	厚度	太高
着水辊	周向承受的距离 / 印版	太低
着水辊	表面状况差	—
橡皮滚筒	周向承受的距离 / 印版	太低
上光滚筒	位置 / 压印滚筒	太低
压印滚筒	油墨在表面的状况	—
墨辊	辊间的压力	太高
润湿系统	表面状况差	—
印刷机	承受磨损的状态	—
收纸装置叼牙	打开间隙	太低或太高

（11）色斑（见表 2-16）。

表 2-16　色斑故障分析

故障出现位置	具体问题	故障原因
印版滚筒包衬	厚度	太低或太高
橡皮滚筒	周向承受的位置 / 压印滚筒	太高
上光滚筒	位置 / 压印滚筒	太高
给纸堆	纸张表面不平整	—
纸堆中的纸张	表面结构的规则性	不规则

（12）拉毛（见表 2-17）。

表 2-17　拉毛故障分析

故障出现位置	具体问题	故障原因
油墨	黏性	太高
印版滚筒包衬	厚度	太低
橡皮布	有干燥墨皮	—
水斗辊	转速	太高
计量辊	位置 / 水斗辊	太高
着水辊 - 印版	水平方向或垂直方向上的间隙	太低或太高
计量辊 - 水斗辊	水平方向或垂直方向上的间隙	太低或太高
水斗辊 - 着水辊	水平方向或垂直方向上的间隙	太低或太高
着水辊	周向承受的距离 / 印版	太高
计量辊	旋塞位置的间隙	太低或太高
印刷机	速度	太高

（13）鬼影（见表 2-18）。

表 2-18　鬼影故障分析

故障出现位置	具体问题	故障原因
印版滚筒包衬	厚度	太低
水斗辊	转速	太高
着水辊－印版	水平方向或垂直方向上的间隙	太低或太高
计量辊－水斗辊	水平方向或垂直方向上的间隙	太低或太高
水斗辊－着水辊	水平方向或垂直方向上的间隙	太低或太高
着水辊	周向承受的距离/印版	太高
计量辊	旋塞位置的间隙	太低或太高
润版液箱	酒精自动添加	太高
润湿装置	墨辊表面光滑（任何一个墨辊）	—
墨辊	直径不正确或表面光滑	—
着水辊	位置/水斗辊	太高
墨辊	辊间的压力	太低或太高
着墨辊	周向承受的距离/印版	太高

（14）脏版（见表 2-19）。

表 2-19　脏版故障分析

故障出现位置	具体问题	故障原因
印版滚筒包衬	厚度	太高
印版滚筒	周向承受的距离/橡皮滚筒（一侧）	太低
橡皮滚筒包衬	厚度	太高

二、模拟练习的步骤

点击 进入练习界面。如图 2-60 所示。

选择路径下的某个课程中的某个练习，输入姓名后，点击 即可进入有故障的印刷大厅，进行练习，待完全解决故障后，系统会自动弹出"练习已完成"的对话框。

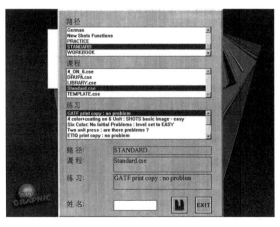

图 2-60　SHOTS 模拟胶印软件系统的练习界面

三、模拟解决胶印故障的常用方法

在解决故障的同时一定要注意时间和费用，这两者是考察一个操作者解决故障的综合能力，首先尽量减少时间，快速分析故障，可同时解决多个故障；其次在印刷工作台的下方会有费用的显示，取样后应立即关闭进纸装置，对选取的印刷样张进行详细的分析，尽可能地同时解决多个可能故障后再取样；另外凭经验确定故障，尽量避免更换没有缺陷的耗材。基本步骤如下：

（1）检查堆纸台是否有纸，如无纸则添纸。

（2）开机，打开进纸装置，取样后关闭进纸装置。

（3）对印刷样张进行故障分析，可与标准样张进行比较，同时利用印刷工作台的工具箱进行测量分析。

（4）解决故障，如同时分析出多个故障，可同时进行解决（注意有时故障需要关机进行调整）。

（5）故障解决后，开机并打开进纸装置，取样后关闭进纸装置。

（6）对新获取的印刷样张进行分析，如无故障，系统将会跳出"练习已完成"的对话框（注意有时故障之间是有一定的印量间隔，如没有出现"练习已完成"的对话框，则继续开机印刷，等达到一定印量后就会出现下一个故障，继续解决即可）。

模 块 三

印 刷 综 合 实 训 教 程

印后技能实习

书刊装订

任务一　纸张裁切加工

技　能　训　练

一、基本要求与目的

1. 了解切纸机的基本结构。

2. 清楚纸张的裁切原理及切纸机的工作原理。

3. 掌握程控切纸机的基本操作方法。

4. 按照标准完成裁切加工操作。

二、仪器与设备

训练中所使用的主要设备为程控切纸机，如图 3-1 所示。

三、基本步骤与要点

（一）训练讲解

（1）指导教师讲解切纸机的基本结构及工作原理。

① 裁切过程。

② 纸张裁切机理。

③ 切纸机的分类及基本参数。

④ 裁刀的结构及运动形式。

⑤ 压纸器的结构及工作原理。

⑥ 气垫工作台的工作原理。

⑦ 切纸机的安全操作。

（2）指导师傅演示程控切纸机的操作方法。

① 裁切部件的调节。

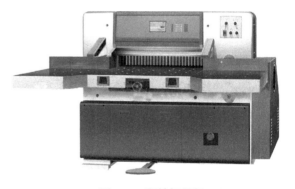

图 3-1　程控切纸机

② 裁切力的设定方法演示。

③ 压纸部件试压压力调节。

④ 压纸部件工作压力调节。

⑤ 压纸部件压力继电器调节。

⑥ 推纸器的调节。

（二）学生操作

① 调节裁切部件。

② 对裁切力进行设定。

③ 调节压纸部件试压压力。

④ 调节压纸部件工作压力。

⑤ 调节压纸部件压力继电器。

⑥ 对推纸器进行调节。

四、主要使用工具

运纸叉车、调整扳手等。

五、时间分配（参考：120min）

① 指导教师讲解：10min。

② 指导师傅演示：15min。

③ 调节裁切部件：10min。

④ 对裁切力进行设定：15min。

⑤ 调节压纸部件试压压力：10min。

⑥ 调节压纸部件工作压力：15min。

⑦ 调节压纸部件压力继电器：15min。

⑧ 对推纸器进行调节：15min。

⑨ 考核：15min。

六、考核标准

考核项目	考核内容	考核分数（5分制）
调节裁切部件	能够根据纸张厚度将刀床下降到最低点，切刀切入塑料刀条为止	1
对裁切力进行设定	能够根据纸张情况调整切纸机裁切油压，保证裁切压力适当	1

续表

考核项目	考核内容	考核分数（5分制）
调节压纸部件试压压力、工作压力	能够根据考试时使用的纸张情况对溢流阀进行调节，保证适当的试压压力、工作压力	1
调节压纸部件压力继电器	能够根据工作压力调节压力继电器	1
对推纸器进行调节	调节推纸器使其保持与裁切线平行，推纸器前端面与工作台表面垂直	1

注：每组考核成绩优秀比例≤20%，优良比例≤50%。

七、注意事项

① 纸张边缘锋利，小心双手划伤。

② 液压摩擦离合器摩擦片长时间工作会导致磨损，所以必须定期进行调整，及时更换。否则，随着间隙加大，不仅摩擦离合器动作缓慢，而且易产生滑刀现象。

③ 调节切纸刀时必须遵守操作规范，注意人身安全。

④ 每次机器调整时只能有一位学生操作，避免错误操作影响他人安全。

八、思考题

1. 裁刀的下落形式分为哪几种？

2. 如何对裁刀的裁切力进行调节？

3. 简述裁切操作中出现刀花的原因及解决办法。

4. 如何评价书刊裁切的质量？

知 识 链 接

一、纸张的裁切原理、切纸机的结构及工作原理

1. 裁切过程

切纸机主要由推纸器、压纸器、裁刀、刀条、侧挡板、工作台等组成。如图3-2所示。

推纸器用于推送纸张定位并做后规矩，压纸器则将定好位的纸张压紧，保证在裁切过程中不破坏原定位精度，裁刀和刀条用来裁切纸张，侧挡板做侧挡规，工作台起支撑作用。裁纸程序为：

① 根据被裁切纸张尺寸移动推纸器，大约调好推纸器的前后位置。

② 使已撞齐的纸张紧靠推纸器前表面和侧挡板，进行纸张初定位。

③ 用推纸器按尺寸要求将纸叠推送到裁切线上，完成纸张的定位。

④ 压纸器先下降压紧纸张，而后裁刀再下落裁切纸张。

⑤ 裁切完毕，裁刀先离开纸叠返回，而后压纸器再上升复位。

2. 纸张的裁切机理

纸张主要由植物纤维和填充料组成，科学实验表明，纤维是裁切分离纸张的主要障碍。在刀刃切入纸张开始阶段，纤维丝被拉长，此时纤维以弹性变形为主，随着刀刃继续下降，由于刀刃楔入作用，纤维丝被层层拉断，纸张分离，如果一直这样裁切下去，可以持续将一堆纸一次性裁切完毕。当裁切条件如裁刀下落方式、刀刃角度、纸张宽度等条件相同时，植物纤维的机械强度、弹塑性和摩擦系数对裁切抗力影响较大。纸张的机械强度包括抗张强度、

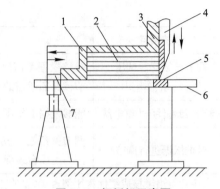

图 3-2　切纸机示意图
1- 推纸器；2- 纸叠；3- 压纸器；4- 裁刀；
5- 刀条；6- 工作台；7- 侧挡板

耐折强度、撕裂强度、表面强度等，其中抗张强度影响最大，因此，要设法合理地选择裁刀的运动方式、裁刀的运动速度以及刀刃的角度，以减少纤维抗切力及其影响，对保证纸张的裁切质量有很大益处。

3. 切纸机的主要精度要求（见表 3-1）

表 3-1　切纸机裁切精度要求

项目		规格 /mm	
		≥1150	<1150
裁切边直线度公差	程序控制切纸刀 数字显示切纸刀	0.20/1000	
	液压切纸刀	0.20/1000	
裁切边垂直度公差	程序控制切纸刀	0.20/1000	
	数字显示切纸刀		
	液压切纸刀	0.30/1000	
连续裁切平行度公差	—	0.30/1000	
连续裁切长度公差	程序控制切纸机	125 ± 0.15	
	数字显示切纸机	125 ± 0.20	
	液压切纸机	125 ± 0.50	
裁切高度内等长度公差	程序控制切纸机	0.30/100	0.25/100
	数字显示切纸机		
	液压切纸机	0.40/100	0.30/100

4. 裁刀

裁刀是切纸机和三面切书机的主要部件之一。裁刀下落的运动方式、裁刀刀刃的角度、裁切抗力的大小，对机器结构及裁切质量都有很大影响。

裁刀是由刀架和刀片组成的，刀架结构复杂，由铸铁铸造后加工而成；刀片由基体和刀刃两部分组成，刀片基体材料为易于加工、变形后易矫正且价格低廉的低碳素钢，刀刃则采用硬度高、耐磨性好的特种钢或特种合金钢制作。

刀刃的角度应根据被裁切物的裁切抗力大小来确定。一般来说，刀刃角度越小，刀越锋利，裁切的纸张对刀的抗切力越小，机器磨损和功耗也小，裁切出的纸张整齐，边缘也光洁。但另一方面，刀刃角度越小，刀片耐磨性和强度就越差，刀片易磨损并易出现缺口，尤其在裁切坚硬和厚实的纸张时，因为纸的抗切力大，刀片过薄易弯曲，裁出的纸易出条子，刀架易产生跳动，裁切质量和裁切速度反而降低。因此，刀刃的角度选取应是在刀片材料强度和耐磨性允许的情况下尽量小些。一般在 $16° \sim 24°$ 之间为宜。

裁刀下落运动形式有 4 种：

（1）垂直下落运动。

刀刃始终与工作台平行，裁刀运动垂直于工作台即裁切角度 $\theta = 90°$，如图 3-3（a）所示。

这种下落方式使得刀刃同时与纸叠接触，因而对纸叠冲击大，纸张对刀的抗切力也就大，裁刀易将表层纸拉出，导致裁切质量降低。它只用于小型、简易的切纸机上对特硬或特别有弹性的裁切物的裁切。现在已很少采用。

（2）倾斜直线下落运动。

刀刃始终与工作台平行，但裁刀下落方向与工作台成 θ 角（ $\theta \neq 90°$ ），如图 3-3（b）所示。刀刃运动可以分解为垂直方向的运动和水平方向的运动，因而减少了对纸叠的冲击，提高了裁切质量。但是，刚开始接触纸时纸张对刀刃损伤大，常见刀痕，影响裁切质量。

（3）曲线平行运动。

刀刃与工作台始终平行，裁刀下落方向与工作台所成角度是变化的，如图 3-3（c）所示。使用条件比裁刀按倾斜直线下落还要差些，现已极少使用。

（4）复合下落运动。

复合下落运动又称复杂的缓平曲线运动或"马刀"运动，如图 3-3（d）所示。裁刀下落做既有移动又有微小转动的复合运动，刀刃在上极限位置时与工作台成 α 角（ $\alpha = 0.5° \sim 2°$ ），随着裁切的进行， α 角度越来越小，当裁切到最下面纸张时 $\alpha = 0°$，即刀刃与工作台平行。由于裁切开始时，刀刃与纸叠不在全长接触，因此，切入纸叠平稳，裁切抗力小，对刀刃撞击小，表层纸不易拉出，裁切质量好。目前国内外绝大部分切纸机和三面切书机的裁刀普遍采用这种下落方式。

5. 压纸器

如前所述，压纸器用来压紧固定好纸张，使其在裁切过程不移动，确保裁切质量。压纸器的压力大小要适宜。压力过小，不能确保纸张的定位在裁切过程中不被破坏；压力过大，机器结构尺寸变大，功耗也大。

裁切过程中压力不变或基本不变的压纸器称为弹性压纸器，这种压纸器有弹簧结构压纸器和液压压纸器。

液压压纸器压力大而恒定，压力调节范围宽，控制和操纵容易。目前，国内外大型切纸机广泛采用这种先进的压纸器。

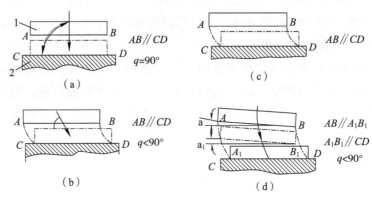

图 3-3　裁刀下落运动形式

1- 裁刀；2- 工作台

二、裁切国家质量标准

成品尺寸符合 GB/T 788 的规定，非标准尺寸按合同要求。成品裁切歪斜误差 ≤1.5mm。成品裁切后无严重刀花，无连刀页，无严重破头。

书背字平移误差以书背中心线为准，书背厚度在 10mm 及以下的成品书，书背字平移的允许误差为 ≤1.0mm；书背厚度大于 10mm，且不大于 20mm 的成品书，书背字平移的允许误差为 ≤2.0mm；书背厚度大于 20mm，且不大于 30mm 的成品书，书背字平移的允许误差为 ≤2.5mm；书背厚度在 30mm 以上的成品书，书背字平移的允许误差均为 3.0mm。书背字歪斜的允许误差均比书背字平移的允许误差小0.5mm。

成品护封上下裁切尺寸误差≤2.0mm。护封或封面勒口的折边与书芯切口对齐，误差≤1.0mm。

成品书背平直，岗线≤1.0mm。无粘坏封面，无折角，不显露针锯。

成品外观整洁，无压痕。

三、切书常见加工故障及解决方法

① 一摞书裁切后尺寸不一。上大下小的原因是单面切书的压力过小。上小下大的原因是书摞松，书间充有空气，切书刀下压时纸会向无挡规处斜坡角移动。应根据具体情况调整压力。

② 斜角。切出的书角不呈 90°，即斜角。主要原因在于推书器的位置调节不当而引

起，如推书器与两侧挡板不垂直等。应根据具体情况进行调整。

③ 书本切口处出现凹凸不平的刀痕，称为刀花。出现刀花的原因是切刀刀刃磨损或出现缺口。需要及时更换刀片或进行磨刀。

④ 破头。书背两端撕裂被称为破头，这是由于无划痕或划口刀规矩不合适造成的，书背不干燥也可能造成破头。应调整划口刀，书背要干燥。

⑤ 书册歪斜。主要是后挡规不合适或侧规调节不当引起的。应调整后挡规和侧规。

任务二 折页加工

一、基本要求与目的

1. 了解折页机的基本结构。

2. 清楚折页机折页的基本原理。

3. 掌握折页加工的基本操作方法。

4. 按照标准完成折页加工操作。

二、仪器与设备

训练中所使用的主要设备为混合式折页机，如图 3-4 所示。

图 3-4　混合式折页机

三、基本步骤与要点

（一）训练讲解

（1）指导教师讲解折页机基本结构及折页加工原理。

① 纸张自动分离系统的结构。

②送纸系统的结构。

③栅栏板折页系统的结构。

④垂直折页系统的结构。

⑤收纸机构的结构。

⑥栅栏板折页加工和垂直折页加工的原理。

（2）指导师傅演示折页机操作方法。

①上纸操作。

②纸张分离机构调节方法演示。

③输纸台与双张控制器的调整。

④栅栏折页系统折辊及刀轴间隙调整。

⑤折刀折页系统折辊、刀轴间隙调整。

⑥前挡规和侧挡规的调整。

（二）学生操作

①上纸操作。

②对纸张分离机构进行调节。

③对输纸台与双张控制器进行调节。

④栅栏折页单元折辊及刀轴间隙调整。

⑤折刀折页系统折辊、刀轴间隙调整。

⑥前挡规和侧挡规的调整。

四、主要使用工具

运纸叉车、调整扳手等。

五、时间分配（参考：120min）

①指导教师讲解：10min。

②指导师傅演示：15min。

③上纸操作：10min。

④纸张分离机构调节练习：15min。

⑤输纸台与双张控制器调节练习：10min。

⑥栅栏折页系统折辊及刀轴间隙调整操作：15min。

⑦折刀折页系统折辊、刀轴间隙调整练习：15min。

⑧前挡规和侧挡规的调节练习：15min。

⑨考核：15min。

六、考核标准

考核项目	考核内容	考核分数（5分制）
上纸操作与纸张分离机构调节	能够根据考试时使用的纸张情况进行上纸操作。能够根据纸张情况调节纸张分离机构，使纸张能够顺利被输送到折页机构	1
输纸台与双张控制器的调整	能够根据纸张情况调整输纸台与双张控制器的工作状态	1
栅栏折页系统折辊及刀轴间隙调整	能够根据考试时使用的纸张情况对栅栏折页系统折辊及刀轴间隙进行调整	1
折刀折页系统折辊、刀轴间隙调整	能够根据考试时使用的纸张情况对折刀折页系统折辊、刀轴间隙进行调整	1
前挡规和侧挡规的调节	能够根据考试时使用的纸张情况对前挡规和侧挡规进行调节	1

注：每组考核成绩优秀比例≤20%，优良比例≤50%。

七、注意事项

① 纸张边缘锋利，小心双手划伤。

② 堆纸及调节分离机构时，注意对输纸及分离机构的保护。

③ 调节折页机构时遵守操作规范，注意人身安全。

④ 每次机器调整时只能有一位学生操作，避免错误操作影响他人安全。

八、思考题

1. 纸张分离时出现双张、多张时应该如何调节？

2. 如何确定纸张在不同折页机构处的纸张间隙？

3. 如何通过调节挡纸规来确定折页的位置？

4. 栅栏折页系统和垂直折页系统如何合理地搭配使用？

知 识 链 接

一、折页机各部分结构及工作原理

机器由给纸机、栅栏折页单元、垂直刀式折页单元、机架、传动机构、气泵、电气控制系统及收纸机组成。

1. 栅栏折页系统（见图3–5）

栅栏折页是由3根折辊和1块栅栏板组成。纸张由其中两根反向旋转的折辊送入栅栏板，到达前规。由于两折辊的不断旋转而使纸张不能继续向前运动，于是在折辊与栅栏唇板的交汇三角区产生弯曲，由另一组反向放置的折辊将纸张带出，纸张在通过第二组折辊时形成折痕，过程如下：

①纸张由折辊 G_1、G_2 送入栅栏板。

②纸张前缘到达前挡规。

③纸张在 G_1、G_2、G_3 三根折辊与栅栏唇板的交汇三角区形成弯曲折页。

④纸张由转向板转向后经 G_3 和 G_4 两根反向旋转的折辊送出。如果需要进行多次弯曲折页，应将栅栏转向板换位栅栏板进纸唇板。

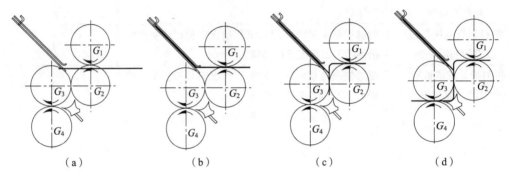

（a） （b） （c） （d）

图 3-5　栅栏折页系统

2. 折刀折页系统（见图 3-6）

折刀折页系统是由一个垂直移动的折刀、两根反向旋转的折辊和前挡规、左右侧挡规组成。纸张经输纸带送出，到达前挡规后经左右侧挡规定位，折刀下降，由折刀将纸张压至两折辊之间，反向旋转的两根折辊夹住纸张完成折页工作，纸张通过时产生折痕。

原则上两折辊之间的间隙必须和通过的纸张厚度一致。过程如下：

①纸张到达前挡规之前，折刀在上死点位置。

②纸张到达前挡规之后，折刀下降。

③折刀下降到最低位置，纸张进入两折辊之间的缝隙。

④纸张进入两折辊缝隙后，折刀上升。

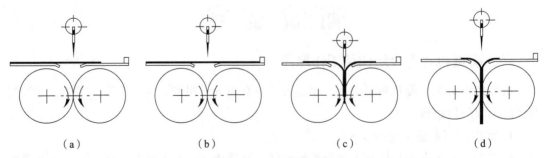

（a） （b） （c） （d）

图 3-6　折刀折页系统

二、折页加工的质量评价

书刊折页的质量将直接影响书刊的质量，无论是手工折页或是机器折页，折叠后的整批书帖应达到以下要求：

① 页码顺序正确，无折反页、颠倒页，无双张，书刊正文版心外的空白边每页都要相等。

② 折页的精度按机械工业部的标准 JB 1878—1977 的规定，在正常工作条件下，用 $52g/m^2$ 凸版纸以机器最高速度的 80% 折页。折页偏差：刀式折页机双边底脚 ±1mm，或同一方向 ±1.5mm；栅栏和栅刀混合式折页机双边底脚 ±1.5mm。

③ 书帖页码整齐，误差不超过 ±1mm。

④ 为了检查折页的质量，折完的书帖外折缝中黑色折标要居中一致。配书帖后，折标在书芯的书背处形成阶梯状的标记。

⑤ 打孔刀要正确地划在折缝中间，破口要划透、划破，以不掉页为宜。

⑥ 用自动锁线机锁线的书帖，其折法应符合标准。

⑦ 书帖要保持清洁，无油污、破损、折角，折叠要平服，无八字皱褶现象。

⑧ 折好的书帖折缝要实，要捆扎整齐结实，以保证书刊的装订质量。

三、折页加工的常见故障与解决方法

① 纸张分离不畅。

解决方法：主要应该调节分纸弹片的工作长度和工作压力，两垂直吹风嘴的风量及前吹嘴的风量。检查吸纸嘴及活塞杆的配合间隙是否过大，有无漏气现象。

② 送纸风轮拉不动分离后的纸张。

解决方法：检查吸纸体上的两个放气针阀的放气效果，如果针阀未顶下，说明针阀未打开，吸纸嘴与纸之间的真空未破坏，应调整两碰撞螺钉顶下针阀。检查两吸气嘴内端面与吸纸体外端面的密封情况如何，密封不好，应调整相应的端面。调节送风轮吸气量。

③ 间张、双张现象。

解决方法：调整两垂直吹风嘴的风量，使之便于纸堆后缘的纸张分离，调整送纸风轮下的前挡纸板的高度，使之与风轮相距 3～5mm。

④ 送纸不顺利，拉规带与送纸风轮交递纸张时产生前后拖拉现象。

解决方法：调节主操作站上送纸风轮的吸气时间，调整风轮的线速度，使其线速度略低于拉规带的线速度，检查有无漏气现象，调整风轮的吸气位置。

任务三　配页加工

一、基本要求与目的

1. 了解配页加工的加工流程。

2. 掌握套帖法和配帖法的基本操作方法。

3. 按照标准完成一定数量书帖的套帖和配帖加工操作。

二、仪器与设备

训练中所使用的主要设备为配书台（见图3-7）和机组式配页机（见图3-8）。

图3-7　配书台

图3-8　机组式配页机

三、基本步骤与要点

（一）训练讲解

（1）指导教师讲解配页加工的流程。

①配书帖。

②配书芯。

③配页质量的检查。

④ 配页机组工作原理。

（2）指导师傅演示套帖和配帖加工的操作方法。

① 套帖法的手工操作（向里套、向外套）。

② 配帖法的手工操作（拣配、打配、撒配、双手拉配）。

③ 配页质量的检查（重帖、多帖、少帖、乱帖）。

④ 配页机组的设置与操作。

（二）学生操作

① 套帖法的手工操作（向里套、向外套）。

② 配帖法的手工操作（拣配、打配、撒配、双手拉配）。

③ 配页质量的检查（重帖、多帖、少帖、乱帖）。

④ 配页机组配页操作。

四、主要使用工具

橡胶手套。

五、时间分配（参考：90min）

① 指导教师讲解：10min。

② 指导师傅演示：15min。

③ 套帖法练习：10min。

④ 配帖法练习：20min。

⑤ 配页质量检测练习：5min。

⑥ 配页机组配页操作练习：20min。

⑦ 考核：10min。

六、考核标准

考核项目	考核内容	考核分数（5分制）
套帖法考核	根据考试要求对一定数量的书帖进行套帖操作	1
配帖法考核	根据考试要求对一定数量的书帖进行配帖操作	1
配页机组考核	根据考试要求对一定数量的书帖进行配页机组配帖操作	1
配页质量检测	找出所给的一组配完书帖的质量问题	2

说明：每组考核成绩优秀比例≤20%，优良比例≤50%。

七、注意事项

① 纸张边缘锋利，小心双手划伤。

② 配帖时注意检测配帖质量。

③ 调节配页机时遵守操作规范，注意人身安全。

④ 每次机器调整时只能有一位学生操作，避免错误操作影响他人安全。

八、思考题

1. 简述配页的工作流程。

2. 配页过程中都有哪些操作技巧？

3. 简述机组式配页机的工作原理。

4. 如何评价配页加工的质量？

一、配页的基本概念

① 配页就是把折好的整本书的书帖按顺序配齐全，以准备装订。配页又分为配书帖和配书芯。

② 配书帖：把衬页、插页、零头页等按页码顺序粘贴或套入某书帖称为配书帖。

③ 配书芯：配书芯是将折叠好的并粘上衬页和插页的书帖，按照页码顺序配集成册。配书帖的方法有两种：配帖法和套帖法。如图 3-9 所示。

二、配页机的种类、工作原理

把书帖按照页码顺序配集成册的机器称为配页机。当书册采用套配法配页时，配页机就是骑马订生产线中的搭页机。

据配页机叼页时所采用的结构及其运动方式的不同，可以分为钳式配页机和辊式配页机两种，如图 3-10 所示。辊式配页机又分为单叼辊式配页机和双叼辊式配页机两种。

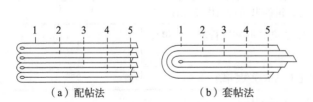

图 3-9　配页方法示意

1，2，3，4- 书帖的序号；5- 裁切线

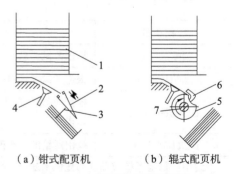

图 3-10　配页机的叼页原理

1- 书帖；2- 叼页钳；3- 拨书棍；4- 吸嘴；
5- 叼页轮；6- 叼牙；7- 配页机主轴

配页机由机架、储页台、传递链条、气泵、传动装置、吸页机构、叼页机构、检测装置及收书装置等构成。

配页机的工作原理如图 3-11 所示。配页机的储页台 3 上装着挡板 2，将待配的书帖 1 按页码顺序分别放在挡板内。挡板下面装有吸页装置和叼页装置（图 3-11 中未画出）。当机器运行时，吸页装置将挡板内最下面的一个书帖向下吸一个约 30° 的角度，配页机的叼页装置将此书帖叼出并放到传送链条 6 的隔页板上（图 3-11 中未画出），再由传送链条上装着的拨书棍 4 将书帖带走。配齐后的散书芯由传送辊 7 通过皮带传动运走。

如果配页过程发生多帖、缺帖等故障时，配页机的书帖检测装置会发出信号，由抛废书机构将废书抛出。当传送链条上发生乱页现象时，机器自动停机，并显示出发生乱页的部位，以便操作人员进行及时的调整与维修。

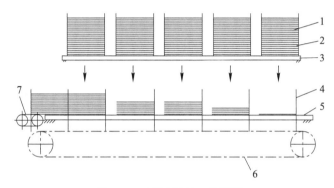

图 3-11　配页机的工作原理

1- 书帖；2- 挡板；3- 储页台；4- 拨书棍；5- 机架；6- 传送链条；7- 传送辊

三、配页质量的检查及标准

为便于检查配页质量，印刷时，在每帖书页的最外页折缝处，按照帖序印上折标标记，如图 3-12 所示，如果是骑马订书籍，则折标印在装订撞齐书帖的规矩位置上，如图 3-13 所示，折标的位置要准确，印迹要清楚。折标不宜过大或过小（约为 5 号字双空）。

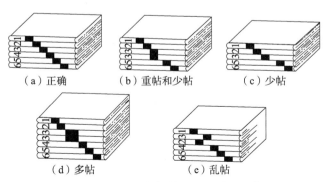

图 3-12　利用折标检查配页质量示意

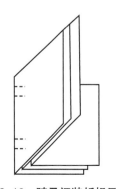

图 3-13　骑马订装折标示意

配书芯以后，折标在书背处应形成阶梯形排列，否则就说明配页有误，可能出现重帖、少帖、多帖、乱帖等错误。

根据印刷行业标准 CY/T 28—1999 要求，对配页质量提出如下要求：

① 三折及三折以上书帖，应划口排除空气。

② 书帖需平服整齐，无明显八字皱褶、死褶、折角、残页、套帖。

③ 书帖页码和版面顺序正确，以页码中心点为准，相连两页之间页码位置允许误差 ≤4.0mm，全书页码位置允许误差 ≤7.0mm；画面接版允许误差 ≤1.5mm。

④ 胶粘装订书帖的划口排列正确，划透，均在折缝线上。

⑤ 书芯粘连的零散页张应不漏粘、联粘，牢固平整，尺寸允许误差 ≤2.0mm。

四、配页加工常见故障及解决方法

配页加工常见故障及解决方法如表 3-2 所示。

表 3-2　配页机常见故障及解决方法

故障现象	故障产生原因	故障解决方法
缺帖（漏帖）	橡皮吸嘴有破口，造成漏气	调换新的橡皮吸嘴
	风路被纸毛、油泥堵塞，造成风量不均匀	冲洗软管风路
	软管被磨破	调换新软管
	书帖四边有粘连现象	将粘连部分的书帖分开
	贮帖不整齐	整理贮帖整齐
多帖或双帖	贮帖过高	按操作要求贮帖
	书帖纸边有粘连	
	续帖不整齐有卷帖、折角、书页不平	
	书帖纸质过于薄软，风嘴吸风量过大所造成	可适当减小吸嘴风量
不吸帖	吸嘴摆动角度不对，吸风时间不准	调整好吸嘴摆动的角度及给风时间，使吸嘴接触书帖时正是给风时间
	吸嘴无风，吸管被封闭或堵塞	检查风路及风嘴，排除堵塞物
不叼帖	叼牙张开和闭合时间与吸嘴摆动位置不吻合，使叼牙叼不着或叼不住书帖	将叼帖时间调好，并使吸嘴下摆（吸风时间与叼帖位置相吻合），进行正确叼帖
乱帖	叼牙叼帖时间不当，与集帖链传送节奏不一致	将乱帖整理干净，再检查乱帖的原因，而后有针对性地进行调整
	书帖不平有大折角或集帖通道有障碍物，使书帖在集帖链通道内横竖不稳无法正常工作	
撕帖（撕页）	叼牙夹得过紧	适当调松叼牙
	书帖纸质薄软，而风量又过大	换小橡皮吸嘴或将风量减小
	书帖与书帖之间有粘连	将有粘连的书帖及时分开

任务四　锁线加工

技 能 训 练

一、基本要求与目的

1. 了解锁线机的基本结构。

2. 清楚锁线机装订加工的基本原理。

3. 掌握锁线机锁线加工的基本操作方法。

4. 按照标准完成一定数量书帖的装订加工操作。

图 3-14　上海紫光 SXB430 半自动锁线机

二、仪器与设备

训练中所使用的主要设备为上海紫光 SXB430 半自动锁线机，如图 3-14 所示。

三、基本步骤与要点

（一）训练讲解

（1）指导教师讲解骑马订装机基本结构及折页过程原理。

① 输帖机构的结构。

② 缓冲定位机构的结构。

③ 锁线机构的结构。

④ 出书机构的结构。

⑤ 锁线过程的原理。

（2）指导师傅演示骑马订装机操作方法。

① 根据书帖长度调节输送链上推书块的位置。

② 根据书帖厚度调节送书轮之间的间隙。

③ 根据书帖长度调节缓冲定位机构。

④ 演示完整的装订过程。

（二）学生操作

① 根据书帖长度和厚度调节输纸机构使书帖顺利传送到装订部分。

② 根据书帖长度调节缓冲定位机构。

③ 根据书帖厚度完成一本书的装订操作。

四、主要使用工具

螺丝刀、钳子等。

五、时间分配（参考：60min）

① 指导师傅演示：15min。

② 输纸机构调节练习：10min。

③ 缓冲定位机构调节：15min。

④ 装订过程练习：10min。

⑤ 考核：10min。

六、考核标准

考核项目	考核内容	考核分数（5分制）
输纸机构调节	能够根据考试时使用的纸张情况对输纸机构的推书块位置和传书轮间隙进行调节，使纸张能够顺利被输送到装订系统	2
缓冲定位机构调节	能够根据纸张情况将缓冲定位机构调节到所需要的工作状态，顺利完成装订过程	2
完成一本书的装订操作	能够根据书帖情况完成一本书的装订操作	1

注：每组考核成绩优秀比例≤20%，优良比例≤50%。

七、注意事项

① 纸张边缘锋利，小心双手划伤。

② 开机前应检查各运动部位有无杂物，拧紧各部螺钉，用手轮转动机器 1~3 周，情况正常，才能开机工作。

③ 钩线针与钩爪工作间距一般保持在 0.7mm 左右，距离过大，钩线针钩不到线，间距过小，钩线针易于与钩爪发生碰撞，导致钩线针折断。

④ 钩线针凹槽应保持光滑，否则纱线易被拉断。

八、思考题

1. 简述锁线加工流程。

2. 简述输送链上推书块位置与书帖长度的关系。

3. 如何调整定位装置？

4. 简述锁线机出现书页歪斜或缩帖故障的原因及其解决方法。

一、锁线机结构及工作原理

主机的主要结构有输帖机构、缓冲定位机构、锁线机构及出书机构。它们分别由不同的凸轮或靠模板（凸板）控制，有条不紊地工作。

① 输帖机构的作用是将搭放在鞍型导轨上的书帖快速平稳地送到订书架的缓冲定位处，以便进行锁线加工。输帖机构包括送贴条传送机构和加速轮机构。

② 缓冲定位机构的作用是使高速传来的书帖在预定位置平稳停住并在锁线时保证准确定位。缓冲定位机构包括缓冲、压书和拉规定位三个装置。

③ 锁线机构是锁线机的核心，其他机构都是用来配合锁线机构工作的，锁线机构的作用是完成锁线过程。锁线机构的运动有：订书架的前后摆动、底针的升降运动、针板（升降架）的升降运动、钩爪的移动和摆动、钩线针的旋转运动、拉紧纱线的运动等。它们都是由凸轮机构控制。

④ 出书机构的作用是将经过锁线的书帖从订书架的前后靠板上平稳而整齐地输送到出书台上。出书机构包括敲书、打书、挡书及割线四个机构。

二、锁线加工质量标准

根据印刷行业标准 CY/T 28—1999 标准，书芯订联中锁线订要求：

① 锁线前书帖应平服整齐，无明显八字皱褶、折角、残页、套帖和脏迹。

② 锁线前根据开本尺寸及要求，调好订距、针数并检查配页有无差错（即散装书芯不得有页码顺序不对，多帖、少帖、错帖、串帖等情况）。

③ 锁线订针位与针数见表 3-3。针位应均匀分布在书帖的最后一折缝线上。

表 3-3　锁线订针位与针数

开本数	上下针位与上下切口的距离 /mm	针数	针组数
≥ 8	20 ~ 25	8 ~ 14	4 ~ 7
16		6 ~ 10	3 ~ 5
32	15 ~ 20	4 ~ 8	2 ~ 4
≤ 64	10 ~ 15	4 ~ 6	2 ~ 3

④ 用线规格：42 或 60 支纱，4 股或 6 股的白色蜡光塔线，或相同规格的塔形化纤线。

⑤ 订缝形式：$40g/m^2$ 纸张及以下的四折页书帖，$41 \sim 60g/m^2$ 纸张的三折页书帖，或相当以上厚度的书帖可用交叉锁。除此以外均用平锁。

⑥ 锁线后书芯各帖应排列正确、整齐、无破损、掉页和油脏。

⑦ 锁线松紧合适，无卷帖、歪帖、漏线、扎破衬、折角、断线和线圈，缩帖≤2.5mm。

三、锁线加工常见故障及解决方法

（1）锁线机出现书页歪斜或缩帖。

① 送页轮与链条配合时间不当，应调到最低点与链挡规相距 50mm。

② 敲书三角铁在靠板上升时完成打页，靠板上升三角铁也要上升。

③ 打页轮与书帖要有足够的接触，只保留书页厚的 1/3 间隙，防止不到位。

④ 送帖轮的速度不能过快，使书帖送到后略有反弹即可。送帖轮速度应与机速一致，速度过快，会发生边不齐，速度太小，则不能到位。

⑤ 毛刷不能上抬，应斜向压入书帖里面，防止书帖歪斜，压力大小以书帖能顺利通过为宜。

⑥ 敲书三角铁的摆动时间与敲书时间间隙为两帖书帖背脊厚，过小不能到位。

⑦ 查看防反弹小胶木轮的压力是否过大，应让书帖能自由通过，小轮不应偏向一边，防止锁线不在书脊中。

⑧ 拉规、拉舌的位置高低要适中，防止拉不到书帖或挡住书帖，使书帖不到位。

⑨ 上下送页轮中心线对准书帖中缝，送书靠板等不应有毛刺。

（2）锁线机出现漏针或脱针。

① 钩线板与钩针相距 0.2mm，钩线板距线与钩针的槽为 0.5mm，穿线针与钩线板相距 8mm。

② 钩线针装得过短或位置不对，应适当放长钩线。装针时应使钩线针在下降时，其凹槽朝前。

③ 钩线板摆动时间不恰当，调节钩线板摆动凸轮位置，使钩线板的摆动时间适应钩线针要求。

④ 钩线板的钩线角磨损，应更换。

⑤ 压线盘不能过松，拉线弹簧力不能过紧，承针板高度不能偏高。

（3）锁线机出现断线。

① 压线盘压得过紧或拉线杠杆过紧，应调整弹簧的压力和开始压缩的时间。

② 钩线板的三角有毛刺，应打磨光洁。

③ 针孔不光洁，应更换。

④ 钩线板摆动过迟，复位动作过慢，调节摆动控制凸轮的角度。

⑤ 钩线板与钩针出现距离相距 8mm，防止钩针拉起断线。

⑥ 纱线本身质量不好，牢度差，应更换。

（4）锁线机出现不割线。

① 割线刀杆距穿针过远，调节刀杆位置，顺利地钩住纱线。

② 交叉锁线时，控制刀杆移动的电磁铁失灵。检查电磁铁，使刀杆能进退 6~8mm。

（5）锁线机出现穿线过松或过紧。

① 压线盘弹簧过松或过紧。调节压线盘对纱线的压力。

② 钩线板左右移动的距离不合适。按要求调节。

③ 拉线杠杆摆动幅度过小。调节拉线杆的摆动幅度。

④ 调整钩针的高度，不应拉线过长。

⑤ 托板调节不当，应使承线板下的书直立，不可过弯或掉下。

任务五　三面切书加工

一、基本要求与目的

1. 了解三面切书机的基本结构。

2. 清楚三面切书机的工作原理。

3. 掌握三面切书机的基本操作方法。

4. 按照标准完成三面切书加工操作。

二、仪器与设备

训练中所使用的主要设备为山东生建 QS-02 型三面切书机，如图 3-15 所示。

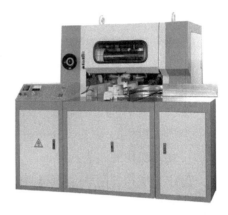

图 3-15　山东生建 QS-02 型三面切书机

三、基本步骤与要点

（一）训练讲解

（1）指导教师讲解程控切纸机的基本结构及工作原理。

① 三面切书机的主要技术要求。

② 三面切书机的工作原理。

③ 三面切书机的主要技术规格。

④ 三面切书机主要机构的结构。

⑤ 切书机常见故障排除方法。

（2）指导师傅演示程控切纸机的操作方法。

① 脚踏操纵机构的调节演示。

② 夹书送书机构的调节演示。

③ 压书机构的调节演示。

④ 裁切机构的调节演示。

⑤ 出书机构的调节演示。

（二）学生操作

① 脚踏操纵机构的调节。

② 夹书送书机构的调节。

③ 压书机构的调节。

④ 裁切机构的调节。

⑤ 出书机构的调节。

四、主要使用工具

运纸叉车、调整扳手等。

五、时间分配（参考：120min）

① 指导教师讲解：10min。

② 指导师傅演示：15min。

③ 脚踏操纵机构的调节：15min。

④ 夹书送书机构的调节：15min。

⑤ 压书机构的调节：15min。

⑥ 裁切机构的调节：20min。

⑦ 出书机构的调节：15min。

⑧ 考核：15min。

六、考核标准

考核项目	考核内容	考核分数（5分制）
脚踏操纵机构的调节	能够熟练地操纵脚踏操纵机构，完成裁切工作循环	1
夹书送书机构的调节	能够根据书叠高度调整夹书送书机构，保证裁切书叠夹牢	1
压书机构的调节	能够根据书叠高度，保证给书叠以足够的压力	1
裁切机构的调节	能够对侧刀、前刀机构进行调整	1
出书机构的调节	能够根据书籍尺寸对出书机构进行调整	1

注：每组考核成绩优秀比例≤20%，优良比例≤50%。

七、注意事项

① 纸张边缘锋利，小心双手划伤。

② 机器应运转平稳、转动正常，操纵机构动作准确，无卡阻和自发性移动。

③ 调节三面切书机时须遵守操作规范，注意人身安全。

④ 每次机器调整时只能有一位学生操作，避免错误操作影响他人安全。

八、思考题

1. 脚踏操纵机构是如何保护操作者安全的?

2. 简述夹书送书机构的调节原理。

3. 如何根据书刊尺寸对侧刀、前刀机构进行调整?

4. 三面切书刀操作时出现"头脚不齐"故障时如何调节?

三面切书机是专门用来裁切书刊前口、天头切口和地角切口的。三面切书机由于裁切速度快、裁切质量高及工人劳动强度低,而成为书刊加工机械中的重要设备。

三面切书机有的采用单本裁切,有的采用多本堆积裁切。前者多安置于装订联动线上使用,而后者既可单机生产,也可用于装订联动线上。

三面切书机主要分为自动型和半自动型。自动三面切书机的待裁切品自动输入,而半自动三面切书机的待裁切品需要手动输入。

一、三面切书机的主要技术要求

三面切书机的基本参数如表 3-4 所示。在实际操作中三面切书机的技术要求如下:

① 机器启动、制动及电器控制系统要工作灵敏、安全可靠。

② 机器应运转平稳、转动正常,操纵机构动作准确,无卡阻和自发性移动。

③ 操作部位防护罩必须有联锁装置,各安全保护、保险装置必须保证在机器运转中安全、可靠。

④ 三面切书机裁切精度,各边裁切尺寸偏差≤0.50mm;相对裁切边的平行度公差为 0.15/100mm;相邻裁切边的垂直度公差为 0.10/100mm。

⑤ 各裁切面应平整、光滑。

表 3-4　三面切书机的基本参数

裁切幅面 /mm	最大幅面	260×380
	最小幅面	92×126
裁切高度 /mm	自动型	70
	半自动型	100
最高裁切速度 /（次 / 分）	自动型	50
	半自动型	25
工作台面高度 /mm		750 ~ 960
压书器压力 /kN		≥ 10

二、切书的常见故障及解决方法

切书的常见故障及解决方法如表 3-5 所示。

表 3-5　切书常见故障及解决方法

故障现象	故障产生原因	故障解决方法
规矩移动	由于某规矩定位不牢，裁切工作一段时间后会出现规矩移动，导致切书尺寸不一	规矩定位要牢固，避免出现规矩移动
书脊撕裂	刀条刀痕太深	刀条翻面使用或更换新刀条
	刀片太钝或刃磨不当	更换新刀条或正确刃磨刀片
	纸张张力方向与裁切方向不一致	改变纸张或调整张力方向
	划路刀规矩不合适	调整划路刀规矩
	书背不干燥	使书背干燥后再裁切
头脚不齐	装书时书没有靠齐左侧定位器	装书时书本与左侧定位器靠齐
	夹书小车挡板与前刀面不平行	重新调整使夹书小车挡板与前刀面平行
书背皱痕	侧胶太厚，压书时受力不均匀	近书背处纸垫板倒成斜面或圆弧过度
	垫板太高	调整垫板厚度
	胶订后胶未干透	书本胶干透后再进行裁切
书堆上下尺寸不一致（切大或切小）	压书板压力不当，压力过大书叠后部翘起，裁切后书叠表面前口尺寸大于下面正常尺寸；压力过小书叠在压脚下隆起，经裁切后会出现表面尺寸变大	根据纸张性质和书册暄实情况，调整压书板的压力
	书堆没有定好位	重新定位
	刀片已钝	更换新刀片或刃磨刀片
	刀条刀痕太深	刀条翻面使用或更换新刀条
	刀片刃磨角度不适合	重新刃磨刀片
	书册太松暄，表面空气多，导致裁切时纸张向切口方向微有移动，使得上面书的尺寸小于下面书的尺寸	开始压书时加大压书板压力，压实书册，排净书册中的空气
切口刀痕不平	刀刃磨损后变钝，刀刃有小缺口	更换新刀片或刃磨刀片
书册切口歪斜	后挡规调整不当，侧规与后挡规位置调整不当	调整规矩位置
	续本不当	续本应续到位
	规矩移动	调整规矩位置正确，然后固紧
飘口	压书板压力太小	调整压书板压力

任务六　骑马订装订

一、基本要求与目的

1. 了解骑马订装订机的基本结构。

2. 清楚骑马订装订机装订过程的基本原理。

3. 掌握骑马订装订机的基本操作方法。

4. 按照标准完成一定厚度书帖的骑马装订加工操作。

二、仪器与设备

训练所使用的主要设备为骑马订书机，如图 3-16 所示。

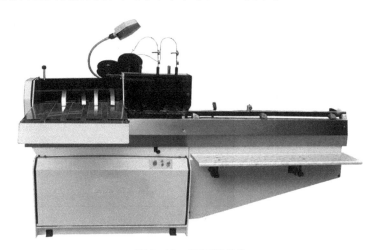

图 3-16　骑马订书机

三、基本步骤与要点

（一）训练讲解

（1）指导教师讲解骑马订装订机的基本结构及折页过程原理。

①套帖配页传送部分的结构。

②订书机构的结构及工作原理。

③收书装置的结构及工作原理。

④书页传递、装订、收齐过程的工作原理。

（2）指导师傅演示骑马订装订机操作方法。

①根据书帖情况，调整套帖配页传送部分的阻尼毛刷位置。

②根据书帖厚度调整装订部分的紧钩装置。

③根据书帖厚度调整装订部分的装订手，控制装订压力。

④根据书帖厚度调整收纸部分两排收纸轮之间的距离。

⑤演示完整的装订过程。

（二）学生操作

①根据书帖情况调节输纸机构使书帖顺利传送到装订部分。

②根据书帖厚度调节装订部分的紧钩装置和装订手。

③根据书帖厚度调节收纸机构使书帖收齐。

④操作骑马装订机完成某一厚度的书帖装订。

四、主要使用工具

螺丝刀、钳子等。

五、时间分配（参考：60min）

①指导教师讲解：10min。

②指导师傅演示：15min。

③套帖配页传送部分调节练习：5min。

④装订系统调节及操作练习：20min。

⑤收纸机构调节练习：5min。

⑥考核：5min。

六、考核标准

考核项目	考核内容	考核分数（5分制）
套帖配页传送部分调节	能够根据考试时使用的纸张情况对套帖配页传送部分进行调节，使纸张能够顺利被输送到装订系统	1
装订系统调节及操作	能够根据纸张情况将装订系统调节到所需要的工作状态，顺利完成装订过程	3
收纸机构调节	能够根据纸张情况将收纸机构调节到所需要的工作状态，顺利完成收纸过程	1

注：每组考核成绩优秀比例≤20%，优良比例≤50%。

七、注意事项

①进行任何设备调整和维护时必须关掉电源。

②手、工具、头发、衣服应远离装订处。

③熟悉机器的运动部件，手指远离运动部件，以防切手。

④保持钉头的清洁。

八、思考题

1. 骑马订装订的工艺特点是什么？

2. 如何根据纸张情况对装订系统进行调节？

3. 出现送料不足或不送故障时应如何解决？

4. 如何对骑马订书刊装订质量进行评价？

知 识 链 接

一、骑马订装订的特点与国家标准

1. 骑马订装订的优势与不足

采用骑马订装订书刊时，由于工艺流程短，加工工序也相应地比较少，并且封面、书芯同时一次订成。因此，它的出书速度快，成本低，翻阅时可以将书摊平，便于阅读，但铁丝容易生锈，牢度低，不利于书的长期保存；另外，它采用的是套帖，书刊不可过厚，一般最多只能订装 100 个页码左右的薄本书刊。

2. 骑马订装订国家标准

根据国家行业标准 CY/T 29—1999 的规定，骑马订书刊装订质量的要求如下：

① 书页版心位置准确、框式居中，页张无油脏、死褶、白页、小页、残页、破页、破口、折角。

② 配帖应正确、整齐。

③ 订位为订锔的外钉眼距书芯上下边各 1/4 处，允许误差 ±3.0mm。

④ 订锔订在折缝线上，无坏钉、漏钉及重钉，钉脚要平直、牢固。

⑤ 成品尺寸应符合 GB/T 788—1999 的规定，非标准尺寸按合同要求执行。

⑥ 成品外观整洁、无压痕。成品裁切后无严重刀花，无连刀页、无严重破头。成品裁切歪斜误差≤1.5mm。

二、骑马订装订常见故障与解决方法

骑马订装订常见故障与解决方法如表 3–6 所示。

表 3–6　骑马订装订常见故障与解决方法

故障现象	故障原因	故障解决方法
铁丝订脚弯曲	铁丝质量差，本身刚性差，自身存在弯曲	更换铁丝
	铁丝的粗细与书刊厚度不相适应，一般铁丝过细	按书刊厚度选择相应铁丝
	铁丝切断后有毛刺、马蹄或不完全切断	转刀片角，使刀片与刀轴中心线相距 0.3 ~ 0.5mm

续表

故障现象	故障原因	故障解决方法
铁丝订角弯曲	成型板与弯脚不在同一直线上	调节弯板的位置
	成型板与弯脚板磨损或成型钩内压簧过紧	更换损坏件，减小压力
铁丝不直定向翘起	铁丝上翘或下斜	调切料母座上的偏心轮，使偏心轮中心线高于切料刀轴中心线0.1～0.2mm，或反向调节
	铁丝向前或向后偏	调节调直螺钉，使铁丝向相反方向弯曲
送料不足或不送	铁丝盘转动不灵活	调节转盘摆杆
	送丝摆臂调节不当或送丝架有夹住、冲击现象	调节送丝摆臂夹丝器行程，使夹料柱与送料托板间隙大于铁丝直径0.2～0.4mm，修补撞块凹坑
	送料托板走丝位磨损	更换
	切料母座上偏心滚轮调节不当	送丝摆臂复位时，偏心滚轮夹住铁丝
弯脚不平或不紧	机头高度不对	按书册厚度调整机头高度
	紧钩爪抬升高度不当	按弯脚情况调节，调整螺母，使其上升或下降
	钉作钩滑板上紧固的起落架螺丝松动	紧固
	切丝情况不好	调节切料刀片、切料刀轴，使铁丝断口光滑
送丝频繁打弯	送丝摆臂夹料柱工作时间调节不当，铁丝被拉动	增大行程
	更换切料刀轴穿丝时有被阻感觉，加工质量不好	检查后更换
	切料连接架上偏心松动或位置不对	重新调节，直至铁丝顺利切断
	切料母座上滚下压时间快	挂簧柱中间垫纸
	成型钩定位轴安装槽磨损，夹料板磨损，压簧过紧	对照处理
	钉作钩滑板可上下移动范围大	检查开关凸轮的定位动作后调好
	板片弹簧压力过松，成型钩不及时到位	更换
	铁丝有定向弯曲	调直铁丝，更换自身有一段明显弯曲的铁丝
断料	成型钩送不到底	增强板片弹簧压力
	成型钩磨损或压簧过松过紧	更换磨损件
	钉作钩滑板有毛刺或磨损后变锋利	更换或修磨

任务七　无线胶订及包书封面加工

技 能 训 练

一、基本要求与目的

1. 了解圆盘胶订包本机的基本结构。

2. 清楚圆盘胶订包本机装订及包书封面过程的基本原理。

3. 掌握圆盘胶订包本机装订及包书封面过程的基本操作方法。

4. 按照标准完成一定厚度书芯的无线胶订、包书封面加工操作。

二、仪器与设备

训练中所使用的主要设备为圆盘胶订包本机，如图 3-17 所示。

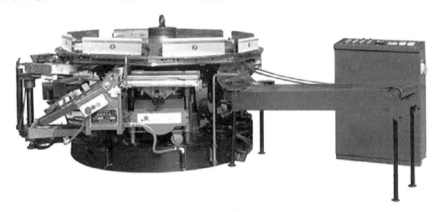

图 3-17　圆盘胶订包本机

三、基本步骤与要点

（一）训练讲解

（1）指导教师讲解圆盘胶订包本机基本结构及装订、包书封面工艺原理。

① 第一次、第二次落书机构的结构及工作原理。

② 铣背打槽机构的结构及工作原理。

③ 上侧胶、底胶机构的结构及工作原理。

④ 封面输送机构的结构及原理。

⑤ 托实机构的结构及原理。

（2）指导师傅演示圆盘胶订包本机装订、包书封面过程的操作方法。

① 根据书芯的铣背深度调整第一次落书机构。

② 根据夹书机构底面位置调整铣背刀和打槽刀的位置。

③ 根据书脊情况调整第二次落书机构。

④ 调节上侧胶、底胶机构的胶轮，控制侧胶、底胶厚度。

⑤ 根据封面尺寸调整上封面机构。

⑥ 根据书籍尺寸调整托实机构。

⑦ 演示完整的无线胶订的装订过程。

（二）学生操作

① 根据书芯的铣背深度调整第一次落书机构。

② 根据夹书机构底面位置调整铣背刀和打槽刀的位置。

③ 根据书脊情况调整第二次落书机构。

④ 调节上侧胶、底胶机构的胶轮，控制侧胶、底胶厚度。

⑤ 根据封面尺寸调整上封面机构。

⑥ 根据书籍尺寸调整托实机构。

四、主要使用工具

圆螺丝刀、钳子、扳手等。

五、时间分配（参考：60min）

① 指导教师讲解：5min。

② 指导师傅演示：10min。

③ 第一次落书机构调节练习：10min。

④ 铣背刀和打槽刀的位置调节练习：10min。

⑤ 第二次落书机构调节练习：5min。

⑥ 上侧胶、底胶机构的胶轮位置调节练习：5min。

⑦ 根据封面尺寸调整上封面机构、托实机构：5min。

⑧ 考核：10min。

六、考核标准

考核项目	考核内容	考核分数（5分制）
第一次落书机构	根据考试时要求的铣背深度调整第一次落书机构	1
铣背刀和打槽刀的位置调整	根据夹书机构底面位置调整铣背刀和打槽刀的位置	1
第二次落书机构调节	根据书脊情况调整第二次落书机构	1
上侧胶、底胶机构的胶轮位置调节	能够根据考试时要求的上侧胶、底胶厚度，调节上侧胶、底胶机构的胶轮。完成上胶操作	1
上封面机构、托实机构调节	根据封面尺寸调整上封面机构、托实机构	1

注：每组考核成绩优秀比例≤20%，优良比例≤50%。

七、注意事项

① 开机前必须提前 120min 加热胶水，若胶水没有完全熔化，则不能开机。

② 如果书芯不需要铣背，必须将铣背机构调到最低位置。

③ 已经刷过胶的书芯不能再用铣背刀铣背，否则会使刀刃上凝结胶，致使刀刃变钝。

④ 当胶斗内胶水逐渐减少时，应该随时添加。

八、思考题

1. 简述第一次落书机构的作用。

2. 为什么在第二次落书平台上设有高度调整装置和位置锁紧装置？

3. 如何对包书封面的质量进行评价？

4. 简述包书封面加工中常见故障及解决方法。

一、胶订包本机的类型

① 根据包本机的外形，包本机分为直线形、圆盘形和椭圆形 3 种。

② 根据包本机所包封面的形式，又分为单联、双联包本机。

③ 根据包本机的自动化程度，又有自动、半自动之分。

二、圆盘胶订包本机的工作原理及其特点

1. 圆盘胶订包本机的工作原理

圆盘胶订包本机的圆盘上装有 5 个可调整的夹书器，通过传动系统，夹书器可从一个工位转到下一个工位。工作时，手工将配好的散装书芯放入夹书器中，书背向下落到第一落书平台上，经振动电机将书芯振齐，随着圆盘转动夹书器带着散装书芯前移完成定位并被夹紧，送到铣背工位。转动的铣刀铣去书脊折缝使书芯成为单页，并使原来光滑的书脊变得粗糙，散装书芯经过铣背工位后，夹书器张开，书芯落到第二落书平台上进行定位，随即被夹紧，从而保证了上胶的高度。反转的加热均匀胶棒测量背胶厚度并去除多余的胶水，同时斩断胶丝。红外灯管的照射保证了胶轮温度，使胶水不凝固。书芯再向前运动经过侧胶工位，转动的侧胶轮给书芯两侧面上胶，而后书芯到达包封工位。封面由吸嘴吸住，传送到压痕辊之间，压出两条或四条折痕，并输送到托实机构平台上。平台上升时，封面从上面受压，侧面有夹板加压，完成包本。而后圆盘上的夹书器打开，毛本书落到输送台上，再由人工收书，完成整个包本工作，铣背时产生的纸屑和灰尘及加热胶水时产生的气体都由离心风机排出。

2. 圆盘胶订包本机的优势与不足

圆盘胶订包本机因其外形呈圆盘形状而得名。圆盘胶订包本机是目前平装无线胶订加

工中使用数量最多的一种设备，但这种设备在十几年的使用中出现了许多弊病，目前其应用数量正在逐渐减少。

三、手工包书封面加工工序

分散的手工包本主要由折封面、刷封面胶、粘封面、刷书背胶、包封面5个操作步骤完成。而"五合一"包本是将分散的5个操作步骤合在一起的包本过程。

1. 折封面

将印好的封面按一定规格切成适当的尺寸后，根据书刊厚度齐书脊边线的一面，将封面反折（正面朝里折），此折线即包本粘面后背的规矩线。手工折封面的方法有用铁板或纸板折法和用手指折法。

操作时要求折后的封面在包本后书背上的书名要保证居中不歪斜，对印有线框图案的封面，要使其齐书脊棱线边不能露出书背或在封面上，对无字或无线框的封面，要保证封面上的书名字迹工整及裁切尺寸适当。

2. 刷封面胶

刷封面胶是指在折好的封面齐粘口边部分刷一层胶的操作。操作时先将一折叠好封面的粘口边部分摊平，均匀错开，而后刷上一层胶。

操作时要求封面错开距离即粘口宽度要根据装订方法来确定，而且粘口宽度应一致，不歪斜。若采用平装、铁丝订和缝纫订，粘口可宽些；而精装、无线订时，应窄些。有订缝线的以订缝线宽度为准，粘胶料黏稠度应适当。

3. 粘封面

粘封面是用手将刷完胶的封面沿书芯订口书脊线及天头或地脚的规矩边一张一本地粘整齐的操作过程。

操作时要求封面要粘整齐，不歪斜，不连接且不得粘错。

4. 刷书背胶

刷书背胶是指用毛刷在粘好封面后书芯的后背和后侧粘口新刷一层均匀胶的操作过程。书背胶粘口宽度和胶的黏稠度要根据装订方法、书刊厚度及纸质来确定。

操作时要求胶的黏稠度要适当，书背胶要刷得均匀。若胶过多，包本包不紧且胶易溢出，污脏封面；若胶过少，会出现背空。侧胶上胶要上下一致不歪斜，侧胶宽度以盖过压痕线为准。

5. 包封面

包封面是掀起前口双层封面，拉出上面一层，将粘好封面并刷完背胶的书芯翻身后包在封面的里面，从而成为毛本书刊的操作过程。

操作时要求封面要均匀且紧紧地粘包在书芯上，而后再经烫背达到包本质量要求。

四、胶订包本质量标准

根据 CY/T 28—1999 标准，包封面质量要求：

① 封面与书芯粘贴牢固，书背平直、无空泡、皱褶、变色、破损，粘口符合要求。

② 成品尺寸符合 GB 788 的规定，非标准尺寸按合同办。

③ 成品裁切歪斜误差≤1.0mm。

④ 成品裁切后无严重刀花，无连刀页和严重破头。

⑤ 书背字平移误差以书背中心线为准，书背厚度≤10mm；书背字平移允许误差≤1.0mm；10mm＜书背厚度≤20mm 的成品书，书背字平移允许误差≤2.0mm；20mm＜书背厚度≤30mm，书背字平移允许误差≤2.5mm；书背厚度 30mm 以上，书背字平移允许误差均为 3.0mm，书背字歪斜的允许误差均比书背字平移的允许误差小 0.5mm。

⑥ 成品护封上下裁切尺寸误差≤2.0mm。护封或封面勒口的折边与书芯前口对齐，误差≤1.0mm。

⑦ 成品书背平直，岗线≤1.0mm。不粘坏封面，无折角，不显露钉锯。

⑧ 成品外观整洁无压痕。

五、圆盘胶订包本常见故障与解决方法

圆盘胶订包本常见故障与解决方法如表 3-7 所示。

表 3-7　圆盘胶订包本常见故障与解决方法

故障现象	故障产生原因	故障解决方法
铣背后的书帖不平整	① 铣刀刃口太钝； ② 刃口有过多缺口	① 刃磨铣刀； ② 更换铣刀
书夹子中有书帖而不出封面，在托实夹紧之前不停机	托实夹紧处的 SQ2 光电开关没调整好	调整 SQ2 位置，保证托实台上无封面时，SQ2 指示灯亮，有封面则不亮
侧胶层太厚或太薄	侧胶斗中滚轴或侧胶轮上胶液太多或太少	① 调整刮胶板与滚轴的间隙； ② 调整刮胶板与侧胶轮的间隙
出封面时间（位置）不正确	托实机构与上封面机构的配合位置不正确； 接近开关 SP2、SP3 与凸盘上凸块的位置不正确	当托实平台处于最前最低位时，上封面机构中两只蜗滚轮与橡胶滚轮接触，小压痕轮与大压痕轮接触。最里面送纸（压痕）凸轮上的摆杆滚珠轴承处在凸轮的最大外圆弧刚开始的位置上，吸气头处于最低位置，此时可利用双排链条托实与上封两机构连接成一体（链条要张紧），而且将凸盘上凸块与 SP3 接近（指示灯亮）也可调略超前些，使电磁换向阀断电。A 口与 R 口相通而不与 P 口通，吸气管中无吸力不吸封面；当托实平台处于最后最高位时，吸气头处于最高位与搁书封平台上的封面接触，此时将凸盘上凸块与 SP2 接近（指示灯亮）也可调略超前些，使电磁换向阀通电，P 口与 A 口通，吸气管中有吸力开始吸封面

续表

故障现象	故障产生原因	故障解决方法
侧胶层不均匀	橡胶滚轮、小滚轮与书夹子大圆盘接触不良，滚轮时转时不转	通过调整侧胶斗的位置保证橡胶滚轮和小滚轮与书夹子大圆盘接触
封面上压痕线太深或太浅	两压痕轮间隙太小或太大	转动上封面机构最上面里外两只滚花螺钉，使压痕轮间隙适当
压痕线与书封里边线不平行或压痕线不在书封面居中位置	里外各一对钢滚轮、橡胶滚轮的间隙不一致； 搁书封台上左右两挡书封面块的位置不准确	转动上封面机构最上面里外两只滚花螺钉，使两对钢滚轮、橡胶滚轮的间隙卡相同，而且封面能平稳输出，封面压痕线迹清晰而又不会撕裂，封面压痕线与书封面边线平行； 调整搁书封平台上两只支架的位置，保证压痕线处在书封面的居中位置
落书、放书不利落	书夹两夹紧板上有胶液	去掉书夹两夹紧板上的胶液
书夹中有书帖，但不出封面	第二次落书处光电开关 SQ1 没调整好	调整 SQ1 位置，保证托实台上无书帖通过 SQ1 指示灯亮，有书帖通过 SQ1 指示灯不亮

印品整饰

任务一　烫金加工

技　能　训　练

一、基本要求与目的

1. 了解烫金机的基本结构。

2. 清楚烫金机的工作原理。

3. 掌握烫金机的基本操作方法。

4. 按照标准完成烫金加工操作。

二、仪器与设备

训练中所使用的主要设备为平压平模切烫金机，如图 3-18 所示。

图 3-18　平压平模切烫金机

三、基本步骤与要点

（一）训练讲解

（1）指导教师讲解烫金机的基本结构及工作原理。

① 烫金机的主要技术要求。

② 烫金机的工作原理。

③ 烫金机的主要技术规格。

④ 烫金机的主要机构。

⑤ 烫金加工常见故障及排除方法。

（2）指导师傅演示烫金加工操作方法。

① 烫印版的检查与安装演示。

② 电化铝传送装置的安装与调节演示。

③ 烫印温度的控制与调节演示。

④ 烫印压力的控制与调节演示。

⑤ 烫印速度的调节与烫金质量控制演示。

（二）学生操作

① 烫印版的检查与安装操作。

② 电化铝传送装置的安装与调节操作。

③ 烫印温度的控制与调节操作。

④ 烫印压力的控制与调节操作。

⑤ 烫印速度的调节与烫金质量控制操作。

四、主要使用工具

运纸叉车、调整扳手、胶带等。

五、时间分配（参考：120min）

① 指导教师讲解：10min。

② 指导师傅演示：15min。

③ 烫印版的检查与安装：15min。

④ 电化铝传送装置的安装与调节：15min。

⑤ 烫印温度的控制与调节：15min。

⑥ 烫印压力的控制与调节：15min。

⑦ 烫印速度的调节与烫金质量控制：20min。

⑧ 考核：15min。

六、考核标准

考核项目	考核内容	考核分数（5分制）
烫印版的检查与安装	能够掌握烫印版检查程序和要点，正确安装烫印版	1
电化铝传送装置的安装与调节	能够根据烫印区域，正确安装烫印箔，设置放卷、步进、收卷和断箔停车控制	1
烫印温度的控制与调节	能够根据烫印面积、烫印速度合理控制烫印温度	1
烫印压力的控制与调节	能够根据烫印面积、烫印速度等合理控制和调节烫印压力	1
烫印速度的调节与烫金质量控制	能够根据烫印质量要求，控制和调节最佳烫印速度	1

注：每组考核成绩优秀比例≤20%，优良比例≤50%。

七、注意事项

① 纸张边缘锋利，小心双手划伤。

② 操作烫金机时，注意切勿被烫印版烫伤。遇到机器故障，切不可着急将手伸入机器内，安全第一。

③ 调节烫金机时须遵守操作规范，注意人身安全。

④ 每次机器调整时只能有一位学生操作，避免错误操作影响他人安全。

八、思考题

1. 简述烫印版的安装步骤与要点。

2. 电化铝烫金箔驱动系统由哪几部分组成？

3. 烫印压力、温度和速度之间的相互关系如何影响烫印质量？

4. 简述烫金加工常见故障与排除方法。

知 识 链 接

一、烫金加工技术的应用

烫金就是借助一定的压力和温度，运用装在烫印机上的模版，使印刷品和烫印版在短时间内合压，将金属箔或彩色颜料箔按烫印模版的图文要求转印到被烫材料表面的加工工艺。

由于烫印是以金银色为主，所以又常称烫金。这种技术是增加标签、商标、烟包、酒包及各种高档包装盒视觉效果和档次的重要工艺。其从工艺上可分为先烫后印和先印后烫。先烫后印就是在空白的承印物上先烫印上电化铝箔层，再在铝箔层表面印刷图文，多用于需大面积烫印的包装印刷品。而先印后烫则是在已印好的印刷品上，在需要烫印的部位烫印上需要的图案，这是目前被广泛应用的一种工艺。

从烫印方式上，其又可分为热烫印技术和冷烫印技术。热烫印技术就是上面提到的需要一定温度和压力才能完成电化铝箔转移的烫印工艺。冷烫印技术是通过将 UV 胶黏剂涂布在印刷品需要烫印的部位，将电化铝箔经一定的压力转移到包装印刷品表面的工艺。这两种方法各有特点，满足不同产品的要求。

二、烫金箔的选用

因烫金箔使用的原料众多、工艺复杂，所以，表面上一样的烫金箔，其品质有很大的不同。首先是胶黏层。根据被烫印物基材不同，使用不同的树脂。如烫印在塑胶上，就必须选用胶黏层适于烫塑胶的烫金箔；烫 PVC 桌布，烫金箔胶黏层必须在压力不很大的条件下，能将镀铝层和染色层牢固黏结在 PVC 桌布上；烫书边的烫金箔，其胶层一定是较厚的，且粘牢度很好。一般情况下，出现烫不上等现象的主要原因之一，就是胶黏层与烫印基材不配套。第二是剥离层适用范围有宽窄。品质好的适用范围宽，细小线条的文字图案或大面积的图案都能良好剥离；反之则不然。第三，制作镀铝层的真空镀铝机越好，烫金箔的金属光泽度越高。第四，品质好的烫金箔颜色恒定，耐紫外光，品质差的烫金箔每批产品颜色不一致，有的在阳光照射下几小时就变色。第五，烫金箔使用的化工原料不同，其有害成分含量也不同。有的烫金箔不能达到欧盟 ROHS（sgs）检测标准，有的则可用于环保要求更严格的儿童玩具烫印和食品包装。第六，片基层薄膜的选用。好的薄膜具有抗拉伸、耐瞬时高温等性能，适用于各种生产工艺。同时，不同的承印物对烫金箔薄膜厚度要求也有差别，一般厚度有 $12 \sim 25 \mu m$ 不等。综合上述，在选用烫金箔时，使用者一定要根据自己烫印产品的特点和要求，选择合格的烫金箔，而不能一味追求低价格，最终导致大量废品或全部报废。

三、烫金机性能参数

表 3-8　天津长荣 MK1060YMI 平压平自动模切烫金机的性能参数

最大纸张尺寸 /（mm×mm）	1060×760
最小纸张尺寸 /（mm×mm）	450×370
最大烫印尺寸 /（mm×mm）	1020×730
最大工作压力 /kN	3200
最高烫印速度 /（次 / 时）	6000
烫印精度 /mm	≤ ± 0.20
送箔驱动系统	标准型 6 纵 2 横

四、平压平烫金机的技术要求

① 平压平烫金机应符合标准规定，并按经规定程序批准的图样和技术文件制造。

② 传动系统运转平稳，工作正常，无异常噪声。

③ 操作机构灵敏可靠，执行机构动作准确，无卡阻或自发性移动。

④ 能够自动检测空张、歪张、双张及多张，并控制有关的机械动作。

⑤ 润滑系统油路畅通，各润滑点供油充分，无渗漏现象。

⑥ 轴承工作升温不应大于 35℃。

⑦ 两工作平板面（或机座平板面和压板平面）在工作位置时的平行度，不得低于 GB/T 1184—1996 中规定的公差等级 7 级。

⑧ 烫金后印品应光洁均匀，无烧焦或烫印不上等缺陷。

⑨ 烫印箔进给误差：自动机不大于 2mm，半自动机不大于 1mm。

⑩ 重复烫印误差不得大于 0.20mm。

⑪ 烫印速度：卧式自动机不低于 2500 张 / 时，立式自动机不低于 1500 张 / 时，半自动机不低于 1200 张 / 时。

⑫ 加热板温度稳定，误差不大于 5℃，烫印版工作表面温度差不大于 10℃。

⑬ 半自动机的噪声不大于 78dB（A），自动机的噪声不大于 82dB（A）。

⑭ 安全防护装置应齐全、灵敏、可靠。

五、烫金工艺要点

烫金的 3 个基本要素是：温度、压力和烫印时间。如果要获得理想的烫印效果，烫印温度、烫印压力、烫印速度等工艺参数一定要合理掌握。另外，与烫金有关的原材料质量也必须有保障，比如：承印物的烫印适性、电化铝材料的性能以及烫印版的质量等。

1. 选择合适的承印物

可以烫金的承印物很多，通常是纸张，如：铜版纸、白板纸、白卡纸、布纹纸、胶版纸等。但并不是所有纸张的烫金效果都理想，如果表面粗糙、纸质疏松的纸张，如书刊纸、较差的胶版纸等，由于电化铝层不能很好地附着在其表面上，特有的金属光泽不能很好地体现出来，甚至会烫印不上。因此，烫金的承印物应选用质地密实、平滑度高、表面强度大的纸张，这样才能获得良好的烫印效果，把特有的电化铝光泽充分地体现出来。

2. 根据承印物的不同选择合适的电化铝型号

电化铝的结构有 5 层，即聚酯薄膜层、脱落层、色层（保护层）、铝层和胶层。电化铝型号较多，常见的有 1 号、2 号、8 号、12 号、15 号等。色泽上除了金色以外，还有银、蓝、棕红、绿、大红等数十种。选择电化铝不仅要选择合适的色泽，同时还要根据承印物的不同选择相应的型号。型号不同，其性能和适烫的材料范围也有所区别。通常情况下，纸制品烫印用得最多的是 8 号，因为 8 号电化铝黏结力适中，光泽度较好，比较适合一般的印刷纸张或者已上光的纸张、漆布烫印。如果在硬塑料上烫印则应选择其他的相应型号，如 15 号电化铝。

电化铝的质量主要是靠目测和手感来把关，如检查电化铝的色泽、光亮度以及砂眼等。质量好的电化铝要求色泽均匀、烫印后光洁、无砂眼。对于电化铝的牢度和松紧度一般可通过用手揉搓，或用透明胶带纸试粘其表层进行检查。如果电化铝不易脱落，说明牢度、紧度较好，比较适宜烫印细小的文字图案，烫印时不易糊版；如果轻轻揉搓电化铝就纷纷脱落，则说明其紧度较差，只能用于图文比较稀疏的烫印；另外，要注意电化铝的断头，断头越少越好。

值得注意的是，电化铝一定要妥善保管，应存放于通风干燥处，不能与酸、碱、醇等物质混放一处，并要有防潮、防高温、防晒等措施，否则电化铝会缩短使用期限。

3. 制作好烫印版

烫印版一般有铜版、锌版和树脂版，相对来说，铜版最好，锌版适中，树脂版稍差。因此，对于精细的烫印，应尽可能用铜版。对于烫印版，要求其表面平整、图文线条清晰、边缘光洁、无麻点和毛刺。如果表面略有不平整或轻度擦伤、起毛时，可用精炭轻轻擦拭，使之平整光滑。烫印版腐蚀深度应略深，至少在 0.6mm 以上，坡度在 70° 左右，以保证烫印图文清晰、减少出现连片和糊版，同时提高耐印率。

烫印的文字、线条和图案的设计很有讲究。图文应尽可能粗细适中、疏密合理，如太小太细，容易缺笔断画；太粗太密，则容易糊版。

4. 控制好烫印温度

烫印温度对热熔性有机硅树脂脱落层和胶黏剂的熔化程度有较大影响，烫印温度一定不能低于电化铝耐温范围的下限，这是保证电化铝胶黏层熔化的最低温度。

如果温度过低，熔化不充分，会造成烫印不上或烫印不牢，使印迹不结实、不完整、缺笔断画或者发花；而温度过高，则熔化过度，致使印迹周围附着的电化铝也熔化脱落而产生糊版，同时高温还会使色层中的合成树脂和染料氧化聚合，印迹起泡或出现雾斑状，并且导致铝层和保护层表面氧化，使烫印产品降低亮度或失去金属光泽。一般来说，电热温度应在 80～180℃之间调整，烫印面积较大的，电热温度相对要高些；反之，则低一些。具体情况应根据印版的实际温度、电化铝类型、图文状况等多种因素确定，通常要通过试烫找出最适合的温度，应以温度最低而又能压印出清晰的图文线条为标准。

5. 要合理掌握烫印压力

烫印压力与电化铝附着牢度关系很大。即便温度合适，如果压力不足，也无法使电化铝与承印物粘牢，或产生掉色、印迹发花等现象；反之，如果压力过大，衬垫和承印物的压缩变形会过大，产生糊版或印迹变粗。因此应细致调整好烫印压力。

设定烫印压力时主要应考虑：电化铝性质、烫印温度、烫印速度、承印物等。一般来说，纸张结实、平滑度高、印刷的墨层厚实，以及烫印温度较高、车速慢的情况下，烫印压力应小一些；反之，则应大一些。另外，与印刷相似，烫印的衬垫也应注意，对于平滑的纸张，如：铜版纸、玻璃卡纸，最好选用硬性的衬垫纸，这样获得的印迹比较清晰；相反，对于平滑度差、较粗糙的纸张，衬垫最好软一些，特别是烫印面积又较大的情况下。另外，烫印压力一定要均匀，如果试印时发现局部烫印不上或产生花麻，可能是此处的压力不平，可在该处的平板上垫上薄纸，进行适当调整。

6. 烫印速度尽可能恒定

接触时间与烫印牢度在一定条件下是成正比的，而烫印速度决定了电化铝与承印物的接触时间。烫印速度慢，电化铝与承印物接触时间长，黏结就比较牢固，有利于烫印；相反，烫印速度快，烫印接触时间短，电化铝的热熔性有机硅树脂层和胶黏剂尚未完全熔化，就会导致烫印不上或印迹发花。当然，烫印速度还必须与压力、温度相适应，如果烫印速度增加，温度和压力也应适当加大。

另外，电化铝本身性能对烫印速度的影响也较大。质量好的电化铝可以实现快速烫印，这一点国产电化铝与进口电化铝差别较大。国产电化铝通常只适合低速烫印，速度在2000张／时左右，最高一般不超过3000张／时；进口的可以达到8000张／时，甚至更高。但不管速度如何，重要的一点是：烫印速度应尽可能保持相对稳定，不要轻易改变。应在稳定烫印速度的前提下，适当调整烫印温度与压力，使烫印效果最佳化，这样能减少可变因素，使操作稳定，容易控制烫印质量。

上述只是影响烫金质量的几个主要因素，而且这些因素并不是互相孤立的，它们之间是相互制约的。确定这些因素要以电化铝的烫印适性和承印物的特性为基础，以烫印版的图文结构、面积和烫印速度来确定最佳的压力，最后调整合适的烫印温度。而基本的出发点则应以尽可能均匀、适中的压力，较低的温度和相对稳定的烫印速度进行烫印，以达到图文清晰干净、平整牢固、光泽度高、无脏点、无砂眼的良好效果。

六、烫金故障及质量控制

（1）烫印不上或烫印不实。

这与印件表面特性、电化铝的性质、烫印温度及压力等多种因素有关。

① 印件表面喷粉太多或表面含有撤黏剂、亮光浆之类的添加剂，这将妨碍电化铝与纸张的吸附。解决办法：表面去粉处理或在印刷工艺中解决。

② 电化铝选用不当直接影响烫金牢度。应根据烫金面积的大小，被烫印材料的特性综合考虑选用什么型号的电化铝。国产电化铝主要是上海申永烫金材料有限公司生产的孔

雀牌系列，进口电化铝主要是德国库尔兹（KURZ）的 PM 与 LK 系列，日本的 A、K、H 系列，韩国 KOLON 的 SP 系列。

③ 没有正确掌握烫金设备以及烫压时间与烫印温度之间的匹配，影响烫印牢度和图文轮廓的清晰度。由于设备、被烫印材质的不同，烫压时间、烫印温度都不尽相同。例如，高速圆压圆机速快，压印线接触，烫印温度就要高于圆压平或平压平。一般情况下，圆压圆烫印温度在 190 ~ 220℃，圆压平在 130 ~ 150℃，平压平在 100 ~ 120℃。当然，烫压时间、烫印温度与生产效率很大程度上还受到电化铝转移性能的制约。

（2）反拉。

反拉是指烫印后电化铝将印刷油墨或印件上光油等拉走。其主要原因是印品表面油墨未干或者印品表面 UV 等后加工处理不当，造成印品表面油墨、UV 油与纸张表面结合不牢而造成的。解决方法：待印品干燥后再烫金。另外可选用分离力较低、热转移性优良的电化铝。

（3）糊版和烫印后电化铝变色。

糊版主要是由于烫金版制作不良，电化铝安装得松弛或电化铝走箔不正确造成的。

烫印后电化铝变色主要是烫印温度过高造成。另外，电化铝打皱也易造成烫印叠色不匀而变色，可通过适当降低温度解决。对于圆压平机型可在送箔处加装风扇，保持拉箔飘挺，避免在烫印前电化铝触及烫金版而烤焦。

（4）工艺安排不妥，破坏了电化铝表面光泽性，图文轮廓发虚。

需要覆膜加工的烫金，人们常担心金箔容易擦落而先烫印再覆膜，但这易造成：①薄膜（尤其是亚光膜）会破坏电化铝表面光泽性，不宜采用水溶性胶水覆膜，否则会造成电化铝表面发黑，同时极易造成金粉粘在图文边缘造成发虚现象。②烫金后因压力作用而凹陷，再加上胶水不易渗透电化铝表层，易造成烫金处 OPP 与纸张分离而影响产品质量。正确的工艺是应先覆膜再烫金，选择与 OPP 相匹配的电化铝。

总之，影响烫金质量的因素很多，制作高质量的烫金版，正确掌握烫金适性是提高烫金质量的关键。

七、烫金工艺中需要注意的事项

1. 圆压圆与平压平烫金的区分

一般圆压圆方式的烫金既可适用于大面积烫金，又可适用于小面积烫金，原因在于圆压圆烫金是一种线接触的烫印方式，且烫印的速度高。平压平烫印属于面接触，不易将空气排出，容易发生烫印不实的故障。平压平烫金方式适合烫印小面积图案、线条或文字，且烫印速度低。

2. 复合卡纸上的烫印与白卡纸上的烫印的差异

主要区别在于附着力。电化铝的黏结层与被烫印材料的亲和力有关，白卡纸上的烫印效果要比复合卡纸好些，因为白卡纸的表面张力大。

白卡纸通常使用普通油墨，也可以使用 UV 油墨。复合卡纸一般选用复合材料印刷用油墨（如杭华油墨化学有限公司的胶印 JP 系列油墨）或 UV 油墨，复合卡纸表面光滑致密，选择平压平方式烫印不易将空气排出，最好选用圆压圆线接触烫金机。

3. 烫印箔上再印刷的要点

注意最好不要上光油，这样油墨会转移不上。烫印时请务必先试印，而且要对材料和油墨的性能做认真的研究。

① 先烫印后印刷应注意电化铝与油墨是否亲和，允许的话可将烫印部位做镂空处理。

② 选择表面张力在（4.0~4.6）×10^{-2}N／m的电化铝，保证油墨有较好的附着力。

4. 在 UV 光油上进行电化铝烫印的要点

一般溶剂型和水性的光油产品都不易出现问题，而 UV 光油是最容易出问题的。这主要与亲和力有关，与承印材料的表面张力更是密不可分。

① 普通电化铝烫在 UV 光油上，会有烫印不实的故障，故要保证电化铝表面张力大于 UV 光油表面张力。

② 允许的话可以将烫印部位镂空，或者是先烫金后再上 UV 光油。

③ 最好先试印，再确定烫印工艺、烫印材料。

任务二　模压加工

技　能　训　练

一、基本要求与目的

1. 了解模切机的基本结构。

2. 清楚模切机的工作原理。

3. 掌握模切机的基本操作方法。

4. 按照标准完成模压加工操作。

二、仪器与设备

训练中所使用的主要设备为天津长荣 MK1060ER 平压平全清废模切机，如图 3-19 所示。

图 3-19　天津长荣 MK1060ER 平压平全清废模切机

三、基本步骤与要点

（一）训练讲解

（1）指导教师讲解模切机基本结构及工作原理。

① 模切机的主要技术要求。

② 模切机的工作原理。

③ 模切机的主要技术规格。

④ 模切机的主要机构。

⑤ 模切中常见故障及排除方法。

（2）指导师傅演示模切机的操作方法。

① 输纸装置的设置与调节演示。

② 模切压力控制与调节演示。

③ 模切版更换操作的演示。

④ 模切套准的调节演示。

⑤ 模切清废控制演示。

（二）学生操作

① 输纸装置的设置与调节练习。

② 模切压力控制与调节练习。

③ 模切版更换操作的练习。

④ 模切套准的调节练习。

⑤ 模切清废控制练习。

四、主要使用工具

运纸叉车、调整扳手、修版纸带等。

五、时间分配（参考：120min）

① 指导教师讲解：10min。

② 指导师傅演示：15min。

③ 输纸装置的设置与调节：15min。

④ 模切压力控制与调节：15min。

⑤ 模切版更换操作：15min。

⑥ 模切套准的调节：20min。

⑦ 模切清废控制：15min。

⑧ 考核：15min。

六、考核标准

考核项目	考核内容	考核分数（5分制）
输纸装置的设置与调节	能够熟练地设置模切机输纸装置的主要参数，根据印张规格和模压要求进行调节	1
模切压力控制与调节	能够根据模压试切法调节压力，保证模切钢线切透2/3	1
模切版更换操作	能够根据模切版更换程序，完成卸旧版和装新版操作	1
模切套准的调节	通过调节上模切版和下压痕底模、前规侧规，完成模切版套准和格位套准	1
模切清废控制	能够根据模切清废要求，调节清废装置参数，保证清废质量	1

注：每组考核成绩优秀比例≤20%，优良比例≤50%。

七、注意事项

① 纸张边缘锋利，小心双手划伤。

② 模切机属于重压设备，有一定危险性，必须在师傅指导下操作。

③ 调节模切机时须遵守操作规范，万分注意人身安全。

④ 每次机器调整时只能有一位学生操作，避免错误操作影响他人安全。

八、思考题

1. 简述模切机的模切压力调节程序。

2. 简述模切版更换的基本步骤。

3. 简述模切套准调节中的格位套准和模切版套准的先后顺序。

4. 简述手工清废和全自动清废的模切质量差异。

知 识 链 接

一、模压加工的基本知识

1. 概念

模压加工技术主要是用来对各类纸板进行模切和压痕，同时也可用于对皮革、塑料等材料进行模切和压痕加工。

模压加工是利用钢刀、钢线排成模版，通过压印版施加一定的压力，将印品（或纸张）轧切成所要求的形状的工艺过程。模压加工使用的设备称为模压机。

模压加工操作简便、成本低、投资少、质量好、见效快，加工后的制品可大幅度提高档次，在提高产品包装附加值方面起着重要的作用。模压加工的这些特点，使其越来越广泛地应用于各类印刷纸板的成型加工中，已经成为印刷纸板成型加工不可缺少的一项重要技术。

2. 模压加工产品的分类及特点

目前，采用模压加工工艺的产品主要是各类纸容器。纸容器主要是指纸盒和纸箱（均由纸板经折叠、接合而成），人们在习惯上往往从容器的尺寸、纸板的厚薄、被包装物的性质、容器结构的复杂程度以及型式是否规范等方面来加以区分。

纸盒按其加工成型的特点，可分为折叠纸盒和粘贴纸盒两大类。

折叠纸盒是用各类纸板或彩色小瓦楞纸板做成。制作时，主要经过印刷、表面加工、模切压痕、制盒等工作过程。纸箱纸盒平面展开结构是由轮廓裁切线和压痕线组成，并经模切压痕技术成型，模压是其主要的工艺特点。这种纸盒对模切压痕质量要求较高，故规格尺寸要求严格，因而模切压痕是纸盒制作工艺的关键工序之一，是保证纸盒质量的基础。

粘贴纸盒是用贴面材料将基材纸板粘贴而成。在基材纸板成型中，有时也需要用模压加工的方法。

制作瓦楞纸箱的原材料是瓦楞纸板，加工时多采用圆盘式分纸刀进行裁切，用压线轮滚出折叠线。但模切压痕也是一种有效的生产方法，尤其是对于一些非直线的异形外廓和功能性结构，如内外摇盖不等高以及开有提手孔、通风孔、开窗孔等，只有采用模压方法，才便于成型。

3. 模压加工原理

模压前，需先根据产品设计要求，用钢刀（即模切刀）和钢线（即压线刀）或钢模排成模切压痕版（简称模压版），将模压版装到模切机上，在压力作用下，将纸板坯料轧切成型并压出折叠线或其他模纹。

钢刀进行轧切是一个剪切的物理过程；而钢线或钢模则对坯料起到压力变形的作用；橡皮用于使成品或废品易于从模切刀刃上分离出来；垫版的作用类似砧板。根据垫版所采用材料的不同，模切又可分为软切法和硬切法两种。

二、模压加工设备

模切机主要用于纸品包装装潢工业中的商标、纸盒、贺卡等的模切、压痕和冷压凸作业，是印后包装加工成型的重要设备。模切机的工作原理是利用钢刀、钢线（或钢板雕刻成的模版），通过压印版施加一定的压力，将印品或纸板轧切成一定形状。若是将整个印品压切成单个图形产品称为模切；若是利用钢线在印品上压出痕迹或者留下弯折的槽痕称为压痕；如果利用阴阳两块模版，在印品表面压印出具有立体效果的图案称为凸凹压印，以上可以统称为模压技术。

模切机的种类根据压印形式的不同，主要分为：圆压圆、圆压平、平压平3种类型。

根据模版放置的形式可以分为立式和卧式两种。根据自动化程度分为手动（半自动）和自动两种。从功能上讲，除了模压之外，还有烫金功能，称为烫印模切机，有的带有自动清废功能，称为清废模切机。

1. 圆压圆模切机

圆压圆模切机的特点是线接触、模切压力小、生产效率高，可以与胶印机、柔印机、凹印机等印刷设备连在一起进行联线模切，所以应用范围比较广。一个滚筒相当于压印滚筒，模切时施加压力；另外一个是滚筒刀模。滚筒刀模有木质和金属两大类，前者主要模切很厚的瓦楞纸板，后者有采用化学腐蚀或电子雕刻方法加工的金属滚筒刀模，主要用于不干胶标签及商标的模切，还有一种金属滚筒刀模主要用于中高档长线产品，采用压切式或剪切式形式。

2. 圆压平模切机

圆压平模切机目前在市场上的应用很少，国内没有专业生产厂家。

3. 平压平模切机

平压平模切机是目前应用最广泛的类型，也是国内外生产厂家生产最多的机型。国内的有上海亚华、唐山玉印、北人集团公司、河南新机集团、河北海贺胜利伟业印刷机械集团有限公司等生产厂家；国外有瑞士 BOBST、德国 IMG、日本 ASAHI、美国标准纸盒机械公司、西班牙 IBERICA、韩国 YoungShin 机械有限公司、日本 IIJIMA 以及其他生产厂家。平压平模切机可以用于各种类型的模切，既能人工续纸半自动模切，也能全自动高速联动模切；既能模切瓦楞纸板、卡纸、不干胶，又能模切橡胶、海绵、金属板材等。

国内外已经开发出全自动立式平压平模切机，从给纸、模切或烫金到收纸全部自动完成。国内比较典型的设备是北人集团公司开发的 TYM750 烫印模切机。该机是目前具有国内外先进水平的印后设备，它具有模切和烫金两种功能，整个模切和烫印过程从给纸、模切或烫金，到收纸全部自动完成，操作简便、自动化程度高，广泛应用于纸张、卡板纸的烫印、压凸和模切，也可以应用于一些其他承印材料的模切和烫印。因其技术先进，自动化程度高，相应地产品价格偏高，目前该产品在国内的推广比较困难，主要销售到欧美国家。

卧式平压平模切机，有两种给纸方式：平张纸和卷筒纸，除了模切之外还有清废和烫金功能。卷筒纸给纸方式的卧式平压平模切机主要用于不干胶标签及商标等印刷品的模切。平张纸卧式平压平模切机是使用最广泛且技术发展最快的机型。制造厂家比较多，国外知名厂商如瑞士博斯特、海德堡等，国内如北人集团、上海亚华、台湾有恒、唐山玉印、海贺胜利等，市场竞争比较激烈。主要特点是模压压力大，模切范围广，从 0.1mm 的白板纸到 ≤5mm 的瓦楞纸都可以模切。表 3-9 所示为天津长荣 MK1450ER 平压平全清废模切机的性能参数。

表 3-9　天津长荣 MK1450ER 平压平全清废模切机的性能参数

最大纸张尺寸 /（mm×mm）	1450×1080
最小纸张尺寸 /（mm×mm）	580×450
最大模切尺寸 /（mm×mm）	1450×1050
最大模切压力 /kN	6000
最高模切速度 /（次 / 时）	7000
模切精度 /mm	±0.10
清废功能	全自动清废

三、平压平模切机的主要技术要求

① 全自动模切机两工作平面在工作位置时平行度不得低于国家公差等级 7 级，半自动型平压平模切机机座平板面与压架平板面在工作闭合位置时的平行度不得低于国家公差等级 8 级。

② 模切印品的压切线应切穿切透，压痕线应清晰饱满，符合制盒工艺包装工艺要求。

③ 全自动平压平模切机的模切切线偏差不大于 0.25mm，半自动型平压平模切机则不大于 0.20mm。

④ 设备运转平稳，操作灵敏、可靠。制动装置可靠、灵活和准确。

⑤ 设备安全防护装置可靠齐全。

四、模切工艺参数及其影响

模切压痕加工中的主要工艺参数有模切压力、工作幅面尺寸和模切速度。

模切机工作能力的大小是由模切压力大小来决定的，在模切加工中，由于加工对象及各项要求不同，一般应先计算模切所需的力，借以选择和调整机器，并指导模切加工。

在工厂实际生产中，往往以试验法来确定各单位长度上的模切力 F 的数值，然后再计算模切压力的大小，即先在试验材料用的压力机上装上一定长度的钢刀和钢线，再放上需加工的纸板，对纸板加压，直到切断和压出要求的线痕为止；记下此时压力值的读数，重复 10 次，取其平均值，再将测得的压力 P 除以切口和压线的总长度 l，即可求得单位长度的平均模切力 $F = P/l$。

工作幅面的大小从另一角度反映了模切机的工作能力，根据所能加工幅面的大小，模切机可分为全张、对开、四开、八开等不同规格，其具体尺寸随不同的生产厂家而略有不同。模切速度与模切机的工作频率有关，是直接影响模切压痕生产率的工艺因素，而且一般说来，模切速度增加，模切压力也会有所增加。

五、模切压痕加工中常见故障及处理

（1）模切压痕位置不准确。产生的原因是位置与印刷产品不相符；模切与印刷的格位未对正；纸板叼口规矩不一；模切操作中输纸位置不一致；操作中纸板变形或伸长，套印不准。解决办法是根据产品要求，重新校正模版，套正印刷与模切格位；调整模切输纸定位规矩，使其输纸位置保持一致；针对产生故障的原因，减少印刷和材料本身缺陷对模切质量的影响。

（2）模切刃口不光。产生的原因是钢刀质量不良，刃口不锋利，模切适性差；钢刀刃口磨损严重，未及时更换；机器压力不够；模切压力调整时，钢刀处垫纸处理不当，模切时压力不适。解决方法是根据模切纸板的不同性能，选用不同质量特性的钢刀，提高其模切适性；经常检查钢刀刃口及磨损情况，及时更换新的钢刀；适当增加模切机的模切压力；重新调整钢刀压力并更换垫纸。

（3）模切后纸板粘连刀版。产生的原因是刀口周围填塞的橡皮过稀，引起回弹力不足，或橡皮硬、中、软性的性能选用不合适；钢刀刃口不锋利，纸张厚度过大，引起夹刀或模切时压力过大。可根据模版钢刀分布情况，合理选用不同硬度的橡皮，注意粘塞时要疏密分布适度；适当调整模切压力，必要时更换钢刀。

（4）压痕不清晰，有暗线、炸线。暗线是指不应有的压痕，炸线是指由于压痕压力过重造成的纸板断裂。产生的原因是钢线垫纸厚度计算不准确，垫纸过低或过高；钢线选择不合适；模切机压力调整不当，过大或过小；纸质太差，纸张含水量过低，使其脆性增大，韧性降低。解决方法是应重新计算并调整钢线剪纸厚度；检查钢线选择是否合适；适当调整模切机的压力大小；根据模切纸板状况，调整模切压痕工艺条件，使两者尽量适应。

（5）折叠成型时，纸板折痕处开裂。折叠时，如纸板压痕外侧开裂，产生的原因是压痕过深或压痕宽度不够；若是纸板内侧开裂，则产生的原因为模压压痕力过大，折叠太深。解决方法是可适当减少钢线剪纸厚度；根据纸板厚度将压痕线加宽；适当减小模切机的压力；或改用高度稍低一些的钢线。

（6）压痕线不规则。产生的原因是钢线垫纸上的压痕槽留得太宽，纸板压痕时位置不定；钢线垫纸厚度不足，槽形角度不规范，出现多余的圆角，排刀、固刀紧度不合适，钢线太紧，底部不能同时压平面，压痕时易出现扭动；钢线太松，压痕时易左右串动。排除办法是更换钢线垫纸，挤压痕的槽留得窄一点；增加钢线垫纸厚度，修整槽角；排刀固刀时其紧度应适宜。

项目三 装订成品质检

技 能 训 练

一、基本要求与目的

1. 了解装订成品质检的工作流程。

2. 掌握骑马订书册、平装书、精装书及报纸、胶订期刊杂志成品质检的基本方法。

3. 按照标准完成各种装订方式生产的书籍、报纸及期刊的成品质量检测。

二、仪器与设备

训练中所使用的主要设备为装订成品质检台，如图 3-20 所示。

图 3-20 装订成品质检台

三、基本步骤与要点

（一）训练讲解

（1）指导教师讲解装订成品质检的工作流程。

① 骑马订书册的质检工作流程。

② 平装书的质检工作流程。

③ 精装书的质检工作流程。

④ 报纸的质检工作流程。

⑤ 胶订期刊杂志的质检工作流程。

（2）指导师傅演示不同装订方式产品质检的基本方法。

① 骑马订书册的质检基本方法演示。

② 平装书的质检基本方法演示。

③ 精装书的质检基本方法演示。

④ 报纸的质检基本方法演示。

⑤ 胶订期刊杂志的质检基本方法演示。

（二）学生操作

① 骑马订书册的质检。

② 平装书的质检。

③ 精装书的质检。

④ 报纸的质检。

⑤ 期刊杂志的质检。

四、主要使用工具

放大镜、尺子。

五、时间分配（参考：60min）

① 指导教师讲解：10min。

② 指导师傅演示：10min。

③ 骑马订书册的质检练习：5min。

④ 平装书的质检练习：5min。

⑤ 精装书的质检练习：10min。

⑥ 报纸的质检练习：5min。

⑦ 胶订期刊杂志质检练习：5min。

⑧ 考核：10min。

六、考核标准

考核项目	考核内容	考核分数（5分制）
骑马订书册质检	能够对考试时提供的骑马订书册进行质量检测	1
平装书质检	能够对考试时提供的平装书进行质量检测	1
精装书质检	能够对考试时提供的精装书进行质量检测	1
报纸质检	能够对考试时提供的报纸进行质量检测	1
胶装期刊杂志质检	能够对考试时提供的期刊杂志进行质量检测	1

注：每组考核成绩优秀比例≤20％，优良比例≤50%。

七、注意事项

① 应注意检测过程不能造成印刷品损坏或脏污。

② 注意检测设备、仪器的正确使用方法，保证检测结果的准确性。

八、思考题

1. 根据精装画册的加工特点，对精装画册质检时应注意哪些方面？

2. 对于印刷成品印后加工工艺的检测应注意哪些方面？

3. 对于印刷品外观的检测应注意哪些方面？

4. 根据平装书的加工特点，对平装书质检时应注意哪些方面？

一、印刷品成品检测流程及基本方法

1. 外观

① 开本尺寸符合设计要求，误差 ±1.0mm；成品裁切方正，歪斜不超过 1.5mm；无明显刀花，无缩帖页（小页）或连刀页。

② 书脊平直，书背字居中，书背字平移歪斜以书背中心线为准，若允差书背厚度 ≤10mm，误差≤1.0mm；若 10mm＜允差书背厚度≤20mm，误差≤2.0mm；若 20mm＜允差书背厚度≤30mm，允许误差≤2.5mm；若允差书背厚度＞30mm，误差 3.0mm；

③ 套装书、系列书的书背字高度一致，允差≤2.5mm。

④ 护封尺寸不得长于或短于书芯或书壳长度的 2.0mm。

⑤ 书脊无岗线，书背平整，全书成型平实整齐，书背头无破损。

⑥ 精装书壳无拱翘，书槽平直规矩，书背圆势在 90°～130° 之间。

⑦ 平装书勒口平直、前后对称，折边与书芯前口对齐，允差≤1.0mm。

⑧ 书口露血图标前后一致，排列线性误差≤1.50mm。

⑨ 书刊封面联折页长度与书芯长度一致，向内折页或向外折页与开本尺寸一致，符合设计要求。

⑩ 书芯用纸与同类纸张无色差。

2. 印刷

① 封面（护封或封套）色相准确，主体部位套印偏差≤0.1mm（精细≤0.1mm，一般 ≤0.2mm）。

② 套装书封面色调一致，同色密度偏差青、品红≤0.15，黑≤0.20，黄≤0.10。

③ 彩色正文、单幅印品或插页（含两色以上印刷品）画面色相准确，套印偏差 ≤0.15mm；接版色调一致。

④ 图像轮廓清晰、墨色均匀、层次分明、深浅一致，无色调、阶调失真，亮调网点面积率再现精细 2%～4%，一般 3%～5%；网纹印迹均匀、无明显墨杠、脏迹、墨皮，无缺网。

⑤ 书刊正文印刷全书墨色均匀，版面平实。

⑥ 文字书刊内文插图层次分明、阶调完整，亮调网点再现率为 5%。

⑦ 文字印迹清楚完整，无糊字、无缺笔断画等印迹失真的现象，版面无各种脏迹。

⑧ 书页正反套合准确，允差≤0.50mm；版面版芯歪斜≤1.00mm。

⑨ 版面露血图标正反印刷墨色均匀一致，无明显视觉色差。

3. 印后加工

① 书芯折配加工规范，全书页码位置准确、排列顺序一致，相连页码误差≤3.00mm；全书页码位置误差≤7.0mm；书页无八字褶、死褶、折角，无破损、残坏页、多帖、少帖

或倒帖。

② 胶订侧胶位 3.0～7.0mm；环衬粘口 2.0～3.0mm；无侧胶开裂、施胶不全、亏胶；无环衬不平，无扉页、版权页、尾页皱褶。

③ 胶订书背胶施胶均匀牢固，无空泡、溢胶、野胶；无胶联不当导致的页根断裂、散本掉页。

④ 书芯内跨页图表接版允差≤1.0mm；书芯图表插页位置准确，符合要求。

⑤ 精装书壳内衬粘贴平实，无粘口开胶翘曲，三面飘口尺寸一致，32 开及以下为 3.0mm±0.5mm，16 开为 3.5mm±0.5mm，8 开以上 4.0mm±0.5mm。

⑥ 书背布粘贴牢固、平整规范，上下左右居中，长度短于书背长：15.0～25.0mm；宽度比书背宽：40.0～50.0mm。

⑦ 书芯锁线松紧适度，无过度松弛露针露线，无过度锁紧影响书页开合。

⑧ 骑马订装订位正确，钉锯外订眼距书芯长度上下 1/4 处，允差 ±3.0mm，钉锯松紧适度，无订位歪斜，无钉锯、钉脚变形，无落订。

⑨ 书刊封面覆膜黏接牢固，表面光滑平整，无皱褶、气泡，膜内无杂质；无粘结开膜，无亏膜。

⑩ 封面烫印图文完整清晰，印迹牢固，烫印与压凹凸图文与印刷图文的套准允差 ≤0.3mm；无色变、糊版、漏烫、爆裂、气泡，无多余印迹、脏迹。

⑪ 表面整饰所做的凹凸模切、压痕位置准确，压痕线宽度允差 ±0.3mm，切口光滑，痕线饱满，无污渍、毛边、粘连和爆线；UV 胶膜位置正确，符合设计要求，黏合附着牢固。

二、典型印刷品成品质检要求

1. 骑马订书册成品质检

骑马订适合于不太厚的书刊，广泛用于期刊装订。质检要求为：

① 书页版心位置准确，框式居中，页张无油脏、死褶、白页、小页、残页、破口、折角。

② 书帖页码和版面的顺序正确，相连书帖的行码整齐，相连展开面两页的页码位置应对称，允许误差≤4.0mm，全书书芯页码位置允许误差≤5.0mm；画面接版误差应≤1.5mm.

③ 钉脚平服牢固，成品裁切歪斜误差≤1.5mm。

2. 平装书质检

平装应用最广，大部分书籍都采用平装。质检要求为：

① 封皮与书芯粘贴牢固，书脊平直，无空泡，无皱褶。

② 粘口误差按前述标准。

③ 成品裁切歪斜允许误差≤1.5mm。

④ 成品封面无缩胀页，露色、露白允许误差≤1.0mm。

⑤ 成品裁切后无严重刀花，无连刀页，封面破口≤2.0mm。

⑥ 书背字平移误差以书背中心线为准，书背厚度在 10mm 及其以下的，书背字平移误差≤1.0mm；书背厚度在 10～20mm 的，书背字的平移误差≤2.0mm；书背厚度在 20～30mm 的，书背字的平移误差≤2.5mm；书背厚度 >30mm 的，书背字的平移误差≤3.0mm。书背字歪斜的误差比平移误差均小 0.5mm。

⑦ 成品护封上下裁切尺寸误差按要求，护封或封皮勒口的折边至书背尺寸允许误差≤1.0mm。

⑧ 成品书背平直，岗线≤1.0mm。无粘坏封皮，无折角。

⑨ 成品外观整洁，无脏污。

⑩ 书刊封皮上国际标准书刊号码印刷按规定要求。

3. 精装书质检

精装封皮坚固耐用、耐磨，长时间使用不会损害书籍，主要用于需要长期保存或使用时间较长的书籍，如经典著作、词典、手册等，工序多，生产速度较慢。质检要求为：

① 书壳与书芯套粘平整，平放时书壳的中径纸板与书芯脊无视观空隙，三面飘口宽度的误差为 ±1.0mm。

② 方背书脊平直，圆背书脊的圆势的 90°～130° 之间，书脊平直且其高度与书壳表面一致。

③ 书槽视观平直，宽窄、深浅一致。

④ 纱布、内封与书壳内表面粘连牢固，平实、无空泡。胶黏剂使用得当，则着胶均匀，不花不溢。

⑤ 书壳无视观翘曲，书脊无视观歪斜。

⑥ 书壳烫印、护封覆膜按标准的质量要求。

⑦ 成品书脊字居中且不超出书脊面，封面与书脊字及封面图案歪斜允许误差 <3.5%。

4. 报纸质检

（1）外观。

① 成品整洁，无明显条痕、糊版、脏版，缺笔断画不影响字意，不得有透印现象。

② 方字清晰，字地均匀，色彩真实。

③ 版心"左右"居中，天头略大于地脚。无破边、褶子、折斜、裁斜、切坏和脱页现象。

（2）图片。

图片层次丰富，反差适中，不出现影响图片整体效果的绝网。色彩自然，套印准确，误差≤0.3mm。

（3）墨色。

正反两面墨色均匀一致，标题实地密度值（去底）>0.95，文字密度值（去底）为 0.18±0.02。对多版面的报纸，要求其各个对开张墨色基本一致。

5. 期刊杂志质检

参考骑马订、平装书质检的要求和方法。

参 考 文 献

[1] 金杨. 数字化印前处理原理与技术[M]. 北京：化学工业出版社，2006.

[2] 张桂兰，齐爱军. 扫描仪实用指南[M]. 北京：印刷工业出版社，2007.

[3] 斐娅. 设计＋制作＋印刷＋商业模式InDesign CS4典型实例[M]. 北京：人民邮电出版社，2009.

[4] http://www.pack.cn/SellList/9287.html

[5] 王子兰. 五笔字型标准培训教程[M]. 北京：人民邮电出版社，2008.

[6] http://wenku.baidu.com/view/ce7b0f215901020207409cbe.html.

[7] http://plan.fevte.com/ai/aijq/

[8] 姚海根. 数字印刷技术[M]. 上海：上海科学出版社，2001.8.

[9] 陈挺等. 胶印质量控制技术[M]. 北京：印刷工业出版社，2006.3.

[10] 刘世昌. 印刷品质量检测与控制[M]. 北京：印刷工业出版社，2004.2.

[11] 常用印刷标准解读[M]. 北京：印刷工业出版社，2008.4.

[12] 冯瑞乾，陈虹. 平版印刷工 [M]. 北京：印刷工业出版社，2002.

[13] 陈虹. 现代印刷机械原理与设计[M]. 北京：中国轻工业出版社，2007.

[14] 唐耀存. 印刷机结构、调节与操作[M]. 北京：印刷工业出版社，2006.

[15] 宋春萌. 包装印刷印务包装印刷实习指导[M]. 北京：中国轻工业出版社，2004.

[16] 邹渝，李云. 胶印工艺与胶印机操作[M]. 北京：印刷工业出版社，2001.

[17] 冯瑞乾. 印刷概论[M]. 北京：印刷工业出版社，2001.

[18] 徐兵. 机械装配技术[M]. 北京：中国轻工业出版社，2005.

[19] 彭策. 印刷品质量控制[M]. 北京：化学工业出版社，2004.

[20] 赵吉斌. 平版印刷机结构与操作维护[M]. 北京：化学工业出版社，2007.

[21] 冯昌伦. 胶印机的使用与调节[M]. 北京：印刷工业出版社，1999.

[22] 柯成恩. 印后装订工[M]. 北京：化学工业出版社，2007.

[23] 钱军浩. 印后加工技术[M]. 北京：化学工业出版社，2003.

[24] 徐建军、吴鹏. 印后加工[M]. 北京：印刷工业出版社，2008.

[25] 王淮珠. 印后装订1000问[M]. 北京：化学工业出版社，2006.

[26] 马静君，武吉梅，张选生. 印后加工工艺及设备[M]. 北京：印刷工业出版社，2007.

[27] 张选生，施向东，王淑华. 印后加工工艺与设备[M]. 北京：印刷工业出版社，2007.

[28] 金银河. 印后加工1000问[M]. 北京：印刷工业出版社，2005.